拓展认知边界，跨越知识维度

离岛·边界

THIS IS YOUR BRAIN ON BIRTH CONTROL

The Surprising Science of Women, Hormones, and the Law of Unintended Consequences

你就是你的**荷尔蒙**

关于避孕药如何影响女性思维、情绪和行为的惊人科学

[美] 萨拉 · E. 希尔（*Sarah E. Hill*）/ 著
万尘尘 / 译

SPM 南方传媒 | 广东人民出版社
· 广州 ·

图书在版编目（CIP）数据

你就是你的荷尔蒙 /（美）萨拉·E. 希尔著；万尘尘译 . -- 广州：广东人民出版社，2024. 9. -- ISBN 978-7-218-17944-5

Ⅰ . B844.5

中国国家版本馆 CIP 数据核字第 2024UW9239 号

NI JIU SHI NI DE HE'ERMENG
你就是你的荷尔蒙
[美] 萨拉·E. 希尔　著　万尘尘　译

出 版 人： 肖风华

出版监制： 高　高
产品经理： 郭凤岭
责任编辑： 李力夫
责任技编： 吴彦斌
装帧设计： 颜　禾

出版发行： 广东人民出版社
地　　址： 广州市越秀区大沙头四马路 10 号（邮政编码：510199）
电　　话：（020）85716809（总编室）
传　　真：（020）83289585
网　　址： http:// www.gdpph.com
印　　刷： 北京彩虹伟业印刷有限公司
开　　本： 880mm × 1230mm　1/32
印　　张： 12　**字　　数：** 200 千
版　　次： 2024 年 9 月第 1 版
印　　次： 2024 年 9 月第 1 次印刷
著作权合同登记号： 图字 19-2024-135 号
定　　价： 69.00 元

如发现印装质量问题，影响阅读，请与出版社（020-85716849）联系调换。
售书热线：（020）87716172

即使本书所研究的对象与你无关，请相信这里一定有你的位置，希望你能在这本书中看到你自己故事的一部分。

——萨拉·E. 希尔

目录

引言

必须先说，写这本书我并没有一个明确的计划。

嗯，这么说听起来或许不够坦白，毕竟应该没有人打算写书却连个计划也没有。所以我想我也是有的，只是并非当你拿起一本关于大脑和避孕药的书时所以为的那样。这本书不是要向你讲一大堆有关避孕药骇人听闻的事实，也没打算使你相信避孕药至少存在着763种不同且不可逆的方式来摧毁你的大脑。我也没有要呼吁你不要再吃避孕药了，更不会强烈暗示你如果还选择继续服用的话，可能会为这个不明智的选择付出惨痛的代价，比如罹患癌症，面临长久性的记忆丧失，或者大便失禁，等等。

都不是。

其实曾经有十多年的时间，我都在服用避孕药，而且我很确定如果没有它，我现在不会过得这么好。在那段时间里，我很荣幸能以最优等的成绩从大学毕业（书呆子一个），并得以继续在全美竞争最激烈的心理学方向上考取博士学位（书呆子中的书呆子）。尽管并不是每个人都愿意自虐般地把自己大好的青春“浪费”在这么无聊的项目上，但我却甘之如饴。而避孕药让我可以专心在项目研究上，毕竟我还没有准备好怀孕，不想因为一次意外而就此坐上冷板凳。避孕药让我不必担心性生活可能导致的被动性怀孕与生产，最终让我获得了这个领域的最高学位，还建立了一个实验成果还算丰硕的研究实验室——这一切成就，避孕药可以说是功不可没。有了学业和事业上的双丰收，我才开始认真地考虑人生的下一步，然后在我觉得自己准备好了的时候，相继生下了两个可爱的宝贝。我非常感激我所拥有的这些际遇，也深信如果没有避孕药我应该很难取得这么多的成就。所以，我写这本书可不是为了要说服你远离这种明明可以让你也有机会像我一样得其所哉的避孕药的。它可不是那种书。

但它也不会是你可能在期待的那种书。因为我也没有打算向你讲述一个有关女性朋友一厢情愿的爱情故事：避孕药功成身退，大家从此过着幸福快乐的日子——你可能在期待类似这样的情节，对不对？尽管避孕药为广大女性朋友带来了诸多令人赞不绝口的益处，但是你很快就会了解到，任何的美好都是要付出代价的，有一些代价甚至是极其惨痛的。而更为严重的是，大多数女性并不知道她们正为之付出代价。

至少我很确定，那时候的我对此完全一无所知。

要知道，与其说你的荷尔蒙是发生在你身上的某种反应，倒不如说荷尔蒙是你之所以能成为“你”的关键因素。从某种字面上的意义来说，你*就是*你的荷尔蒙。而当你的荷尔蒙发生改变时——这正是含有荷尔蒙成分的避孕药的作用原理——你就改变了你的大脑原本所创造出来的那个你。也因此，避孕药的影响其实远远超过了我们原本以为的那很小一部分目标效应。我们甚至可以说它影响了一切。现在越来越多的心理学及神经科学领域的研究都证实了这一说法，只是直到现在，你都还不知道而已。而一旦你知道了与我一样多的信息，我想你也会和我一样，若是处于百年之后的某一天回看如今所处的这个时代，一定会对我们现在对女性荷尔蒙的不以为意感到震惊无比。

尽管关于避孕药是如何改变女性的科学研究仍处于萌芽

阶段，但我们目前所了解到的已经足以帮助你做出明智的决定了。首先，你要先大致了解你的大脑是如何运作的，以及你的荷尔蒙在将你打造成怎样的你这件事上所扮演的角色。然后，你需要了解目前研究结果已表明的服用避孕药后所发生的所有改变。前者是我作为一个专门研究女性及女性健康的进化心理学家在过去超过15年的时间里的研究重点，然而后者则是我最近才发现的。三件原本毫无关联的事情接连发生，让我开启了一场有关避孕药对女性大脑所造成的影响的科研之旅。从许多方面来说，这趟科研之旅成了讲述我青年时期生活的一段旅程。

而它说不定，也是与你有关的故事。

三个本不相关的事件

就像大多数伟大的探险一样，我踏进这个有关避孕对大脑所造成的影响的领域也没有什么轰轰烈烈的开端，甚至完全没有意识到这将会带来多么重大的影响。这一切都始于一个我不经意做出的决定：停止服用避孕药。因为我确定不想再生小孩了，于是在和先生商量之后，决定选择一种更为一劳永逸的避孕方式。由于他够男人，主动提出了这件事，所以我从此也就顺其自然地停止了服药，根本没想太多。

先来交代一下背景好了：那时候其实我已经持续地服用避孕药超过十年的时间了。尽管有时候会停一阵子，但都不是停很久。比如怀孕以后我会停掉，然后每次生产完到哺乳期结束大概也会停一年。但鉴于这些时间要么很短暂（孕前期），要么就是那段时间我睡眠严重不足，所以整日昏昏沉沉的，再不然就是产后体内荷尔蒙的变化（哺乳期），这些经历其实都难以作为我正常心理状态的典型代表。尽管如此，我也并没有期待我的世界会因为停止服用避孕药而发生什么重大的改变，我觉得它的后果肯定不至于强过我每个月都可以排出一颗卵子的能力。

结果证明，我实在是太低估它了。

停掉避孕药的几个月以后，我才意识到我自己……不一样了。它刚发生的时候我还浑然不觉，但是突然有一天，我意识到我的生活开始变得更有生气也更有趣了。那种感觉，就好像是我从一个2D的黑白电影里走了出来，进入了一个彩色的3D世界，一个充满了意义的真实世界里。我开始重拾健身和烹饪——以前做这些的时候都会备感压力，以至于后来就渐渐淡忘了。而现在的我变得有活力多了。我会开始注意那些有魅力的男性，开始在意自己过去很长时间里都懒得在意的穿着打扮。我就是觉得自己……又活过来了，那种彻彻底底的、栩栩如生的、无与伦比的、终于像个人一样的，活过来了。当然，这些并非全部都是一起发生的事，只是突然有一天，我感觉自己好像从一场十年的长眠里醒了过来，这才意识到原来此前自己仿佛梦游般地度过了这么久的时间。

当我开始注意到所有这些在我身上所发生的变化时，我选择了大多数女性都会做出的反应：认定这些都是自己的“胡思乱想”而已，然后把它们全数从我的脑袋里面清除干净[1]。我的确意识到停药可能与这件事有些关联，但真要说停止服用避孕药让我感觉自己仿佛经历了一次人格的移植，那也未免太过玄幻了。所以我只把它当作发生在我身上的又一件诡异事件，也只是发生在我身上的个案而已，或者说它是我年到30或是我健身频率提高的副作用也说不定。我把这段经历在自己的大脑中归档为：当萨拉开始或停止服用避孕药时所发生在她身上的“诡异事件”，然后就不以为意地继续我的生活。

1 但仔细想想的话，其实这听起来够蠢的。你的大脑就在你的脑袋里面，它就是你身体里对其他所有器官下达命令的总指挥中心啊，所以，所有的事本来就都会在你的脑袋里啊！——作者注。若无特殊说明，本书注释均为作者注。

这是我要讲述的第一起事件。[1]

时间快闪一年左右的光景，你会发现我正与我的一位好朋友站在电梯里，准备去参加一场有关心理学的研讨会。我们正在热火朝天地聊天，讨论着有关调研的事，然后她问我是否读过最近一篇很有趣的报告，是讨论避孕药与女性的亲密关系以及性关系之间的关联的。我说还没读过，于是她就继续告诉我，那篇论文的研究显示，服用避孕药的女性与没有服用避孕药的女性在关系满意度以及离婚率上都有着一些很有趣的差异。我们在第5章还会更深入地探讨这份研究报告，这里只是先讲重点：服用避孕药似乎会影响她们所交往的男性类型，进而影响她们对另一半的满意度，甚至有离婚的可能性。我与朋友边聊边走出电梯，谈论了一下相关的结果，又推测了一下这些研究结果是否能解释一些我们所认识的情侣或夫妻间的关系动态（书呆子间的八卦方式——但这就是我们的娱乐，嘿），然后分享了自己服用与停止服用避孕药时的经历。

---

1 现在呢，我身体里的那位科学家觉得有义务跳出来告诉你，我当然无从知晓我所经历的这些变化是否都是停止服用避孕药所引起的（我并没有拿我自己来做实验）。但是——读下去你就会发现——有相当充足的理由让你可以相信，避孕药可能与这一切脱不了干系。

回家后我就去拜读了这篇报告，然后就彻底惊呆了。研究的证据显示，女性个体中荷尔蒙的些微转变都可能会导致夫妻之间的婚姻破裂，这么重大的后果就像是一块粘在我脑袋里的魔术贴，让我无时无刻不在想着它。我一向喜欢钻研复杂的行为体系下所导致的意外后果定律，因此个体女性荷尔蒙的小小改变就可能会导致世界文化模式的级联效应这种事，真的太引人深思了，我实在无法容许自己忽视它存在的可能性。这篇报告现在作为我班上的必读文章之一，也启发了我自己的实验室展开了一个新的研究项目。

这是第二起事件。

最后一件与前两件毫不相干的事，是在又一年过后的另一场心理研讨会上发生的（我的生命里还有做其他事啦——我发誓）。这一次呢，我正在听我的一位项目研究伙伴——布鲁斯·伊利斯博士所做的一场研究报告，讲的是有关童年的逆境经历对应激反应的影响。布鲁斯的报告内容相当多元又有趣，这里我就不赘述了（在经历了很多场把人讲到昏昏欲睡的晚宴过后，我已经深刻体会到“有趣”是一个相当主观的说法）。然而我又听到了一件让我惊掉下巴的事：服用避孕药的女性，和这个地球上其他健康的人不同，在应激反应上缺少着一种至关重要的特征表现。

我们会在书中的第7章再对这个话题展开更详细的讨论，并会分析为什么它这么重要。现在你只需要知道，一个没有服用避孕药的健康人是不会发生这样的事的，并且它会严重影响你的学习能力及记忆力，还可能会导致你的焦虑感与抑郁倾向——这真的是太疯狂了。

不知为何，了解到这一点后，就好像是被一道闪电击中了一般，我的大脑立刻就把那些曾经发生过的、一件又一件看似毫无关联的信息碎片拼凑在了一起，淹没了我的整个思绪。

避孕药的成分是荷尔蒙。荷尔蒙受体遍布我们的全身上下，大脑里也充斥着各种荷尔蒙受体。女性的性荷尔蒙对我们的性别、吸引力、压力、饥饿感、饮食模式、情感调节、人际关系、攻击性、情绪、学习能力等各个方面都会产生广泛的影响。所以避孕药也就改变了我这个人，进而影响伴侣之间的关系满意度甚至离婚率，也自然而然会影响我们的应激反应。避孕药里本身就含有荷尔蒙，它也因此将你变成了另外的一个你，改变了……所有事情。

直到那一刻我才意识到这些问题——要是向你说我没觉得丢人，那绝对是在骗你。尽管我一直都在动机、吸引力这个领域潜心研究，还有……对啊，我明明也在研究女性荷尔蒙对行为的潜在影响力的，然而我竟然从来没有想到过这些原来都可能与我服用了超过十年的含有荷尔蒙成分的避孕药有关系……我真的从来没想过一颗小小的药丸竟然可以改变我。既然作为一名心理学家的我都没有想到这种事，我猜这可能也会是正在读这本书的你意料之外的事。如果你与我一样，那么你唯一所担心的也许只是服用避孕药可能会导致体重增加这件事，又或者会不会中风而已。但是如果你和我一样的话，我必须再强调一次，体重的增加绝对是这两个副作用中更值得令人紧张的那一个……大概就是，你的应激反应系统失灵到只剩一半的功能时所体会到的那种紧张程度。

参加完那场研讨会之后，我一回到家，就立刻着手研究有没有一种理论可以解释我停止服用避孕药后的那种感觉。我想知道我的这种经历与体会是否在科学文献里有所描述，或者是否有其他女性朋友也曾有过类似的体验。这项研究的结果显示，原来我并不孤单，也绝非个案。心理学家和神经科领域的专家多年来一直都在发表这方面的研究成果，而我对此却一无所知，我猜你应该也是如此。关于避孕药对女性大脑影响的信息对大多数女性而言几乎都是闻所未闻的事。唯一有用的一点点信息也仅仅是被淹没在厚厚的科学期刊里某几页相当不起眼的文章而已。除此之外，不在大学任教的朋友几乎完全没可能接触到这类的信息（这些科学期刊的订阅价格都超级贵）。况且这类文章里通常都是一些晦涩难懂的专业术语，一般人根本提不起兴趣去拜读（大脑通常都懒得去学习了解关于它自己的知识）。

所以，我写这本书，是想把所有这些相关的信息汇总在一起，让你也可以有机会了解，并且尽可能轻松地了解这一切。我还希望可以告诉你一些很酷的事，如女性的大脑是如何工作的，也想提供一些想法，帮助你去思考避孕药与你自身健康及生活的关系。这里面有部分资料是来自我自己实验室的研究结果，部分则是来自其他一些德高望重的科学家的实验成果。此外，我也会分享一些我自己生活中的故事，以及其他女性朋友和我分享的有关她们的故事。我们每个人都有权利充分地去了解被我们吃进身体里的那些药物究竟是怎么一回事，会对我们的身体造成怎样的影响，即使眼下那些副作用也许并不会危害我们的生命（大多数医学研究报告都只关注这类严重的问题）。我要讲的内容，部分可能会让你颇感震惊，而部分则可能只是帮助你证实长久以来都误以为是自己胡思乱想的那些事情。

以下是我们将会谈论到的一些领域：

尽管我们中的许多人都认为荷尔蒙是“发生”在我们身上的某种东西，但其实并非全然如此。你，就是你的荷尔蒙。它是将你塑造成这个“你”的关键，是你认知自己的信念，也是你行为表现的体现。因此，你开始服用避孕药又停掉避孕药的过程，可能会让你感觉自己完全变了一个人，它可以引发你整个人格的转变：一个听起来似乎很普遍，但是科学家还没有进行深入研究的课题。

避孕药会改变你的大脑。对服用避孕药的女性所做的大脑断层扫描显示，她们的脑部无论从结构上还是功能上来说，都与没有服用避孕药的女性有着一定的差异性。

服用避孕药的女性对应激反应没有一般健康人该有的皮质醇激增。研究人员自20世纪90年代起就开始对这方面的影响进行着长期且规律的追踪与记录，数据结果令人震惊。在后面我们会讨论到，皮质醇是我们对身体传达有意义的事情正在发生时的重要工具——而且不仅仅是针对坏的事情，当有很令人兴奋的事情发生时，它也同样会提醒我们。

服用避孕药可能会左右女性如何选择自己的约会对象以及配偶，甚至会对两性间的关系满意度及关系存续性产生至关重要的影响。

避孕药还可能对女性的社会流动性、男性的成就动机、婚姻模式、经济增长率以及离婚率等诸多方面产生不可忽视的影响。有数据显示，女性的性标准与男性的成就水平呈现正相关，也就是说自己服用避孕药也可能对别人的行为造成意想不到的后果。这样的连锁效应，你觉得会怎么样？

除了要告诉你这些关于荷尔蒙、女性，以及这两者是如何在避孕药的作用下发生改变的新知识，我还打算带你深入了解一下科学，明白进行关于女性的研究到底意味着什么。这本书中所表达的一个重大结论，就是我们需要更好的科研环境，以确保研究人员能花费足够的时间与精力去研究女性的课题（这个问题在关于人类、非人类的动物，甚至肉眼不可见的细胞研究中都一直普遍存在）[1]。尽管增加将女性纳

---

1 关于这种趋势一个众所周知的例外，是《纽约时报》畅销书排行榜上由丽贝卡·斯科鲁特所著的一部伟大而又扣人心弦的纪实文学《永生的海拉》。这本书讲述了一个因罹患子宫颈癌而在1951年不幸过世的美籍非裔女性，在死前8个月的时候，其体内的癌细胞在她本人毫不知情的情况下，被美国的生物学家提取，这件事完全没有经过她的同意，也没有给予任何补偿。这些细胞（取这位女性的姓和名的前两个字母，被命名为海拉细胞）不断地被培养，作为世界上第一种，或者最常用的说法是“不死的”细胞系，被应用于各项科学研究之中。除了少数这样的特例，研究实验中所使用的大部分细胞都来自雄性，而非雌性。

入实验研究对象的比重的相关改革在持续推进，但女性议题，甚至是有关女性细胞系（这是用于开发新型药物以及癌症等疾病演化的首要研究对象）的相关研究在整个生物医药学领域依然无法得到足够的重视。所以我们要确保科学能持续地倡导将女性纳入所有对两性都会造成影响的调查研究之中。

书的最后，是我写给女儿的一封信，希望可以帮到她——也帮到你——对要不要服用避孕药这件事做出一个明智的选择。我将会全盘考量在前面这些章节中所谈及的所有内容，并与你一起来讨论它们所引发的诸多问题。不吃避孕药我们会更好吗？我们是否应该思考有没有其他可以解放女性的更好也更安全的避孕方式？尽管并没有一个明确的答案（况且答案也会因人而异，这取决于每个女性的个人目标以及环境差异等各项因素），但我还是期待至少可以开启这样一场对话——一场女性与她们的医生、她们的伴侣、她们的朋友，以及与她们的女儿之间的对话。写这本书最棒的一个地方，就是它将会开启许多不同场景的对话，这些对话的开场白通常都是这样的："我想说的可能会有点儿多，不过……"或者是"希望我不是过度分享，但是……"然后，大家就开始彼此分享各种她们曾经以为是自己在"胡思乱想”的那些故事。我希望这本书会成为许多这样的新对话的起点。而接下来，请按下可以帮助你迈出第一步的启动按钮：我想说的可能会有点儿多，不过……

关于我如何安排章节的一点说明

我把整本书分为三个部分，第一部分（作为生物的你）是在阐述作为一个女性，从生物学的角度来讲，有着怎样的意义。我会分享有关你的大脑、你的荷尔蒙，以及为什么从生命之初，自然选择下的生命进化过程就让我们与男性截然不同。这些章节旨在让你对自己的身体是如何运作以及为什么会这样运作有一个整体的概念。也许你会疑惑，为什么要在一本与避孕药有关的书里讲这些东西，但我不得不说，这是必不可少的一个环节。我们对荷尔蒙的关注一直都是那么漫不经心，我甚至忍不住在想，假如我们能对自己的身体是如何运作，以及为什么会这样运作有更加透彻的了解的话，我们应该会对自己所做出的选择更加谨慎。你需要了解你的大脑是如何运作的，以及你的荷尔蒙是怎样影响你的大脑的，还有服用避孕药后这一切究竟是如何改变的。我会在开头的章节就把这些基本的原理向你解释清楚，而且我觉得你会发现这简直是你听说过的最不可思议的事情之一。没错，女性其实比你原本想象的要有趣得多。

第二部分（药物作用下的你）全面介绍了避孕药在人体内的作用原理，以及目前我们所了解到的关于它会如何影响女性的大脑以及生活方面的相关信息。我除了会向你介绍避孕药中所含有的各种不同类型的荷尔蒙，还要告诉你一颗小小的药丸究竟是如何改变了你在性爱以及择偶标准上的心理状态、你的应激反应、你的情绪，还有一大堆在你大脑内运作的其他反应。这些其实是心理学家们数十年来一直都了然于心的事情，只是可能出于这样或那样的原因，直到此刻你才从这本书里了解到而已。我会详尽地为你解读我们现在已掌握的相关知识，也会告诉你还有哪些部分是我们仍要去深入了解和探索的。在读过本书的这一部分后，你应该已经对所有你需要了解的内容有了一个全面的认知，相信这样可以为你提供足够的信息，帮助你更明智地判断避孕药是否适合自己。

最后一部分（未来的你）探讨了一些由避孕药所引发的更宏观的社会问题。首先，我们会谈到服用避孕药的女性，她们的行为改变可能会对他人的行为表现造成级联效应，同时也正在改变着她们在婚姻、怀孕，以及工作中的样貌。

接下来，我们会讨论在此之前你对这一切都毫无所知的原因——结果发现这会成为一个非常复杂的话题。部分结论有关政治（通常人们在同一句话里谈到“女性”及“荷尔蒙”的时候就会开始感到不舒服），部分是因为现实（想把科学研究完整地贯穿于执行过程中真的不是件容易的事，何况有关女性的研究向来不容易），还有一部分，是出于我们自己的动机，我们仿佛都被洗脑了似的相信：避孕这件事作为一项历史难题早就已经被攻克了。不论是何种原因，我们都需要持续推动科学的向前发展，更多地投入到有关女性以及会对她们产生深远影响的议题上面。

彩虹族群的朋友

本书所提及的大部分研究报告都专注于异性恋的顺性别女性[1]身上所发生的经历，因为她们是服用避孕药的典型代表。尽管有些女同性恋朋友，还有跨性别的男性以及女性朋友，也会出于避孕以外的其他原因而服用避孕药，然而目前

1　是指性别认同与出生时指定性别相同的人，例如，一个人的性别认同是女性并且出生时被指定为女性，那么这个人就是顺性别女性。——译者注

我们的科研还尚未涉足这一领域。

如果你刚好不在避孕药研究领域所针对的那一小撮群体之中，也并不意味着你所经历的无关紧要。它们同样非常重要。所以我希望你依然可以从我分享的研究报告中去更好地了解你自己。与其说我们每个人都是不同的，不如说我们所有人都有着很多的相似之处。即便是那些一直活在别人的异样眼光中的人，也同样如此。我们都是人啊，我们的很多经历都是相通的，不是吗？因此，就算接下来的研究报告中所描述的人群并无法完完全全地代表你，也请你相信，你在这些研究的结论中也同样拥有一席之地。研究表明，有关同性恋和跨性别女性的择偶心理与异性恋顺性别的女性并无太大差异。如果你还是觉得那些重大的差异有可能被科研机构所忽视掉了，那就一起来推动更好的科学进步吧！你的故事真的也很重要。我希望你也可以在这本书中的某几页里看到发生在你自己身上的一些故事。

这本书是写给你们所有人的，我希望它可以赐予你们力量，让你们都能拥有对自己的主导权，让你们用可以掌握到的有关避孕药的最新科研结果来武装自己，帮助自己做出一个“你想怎么做，以及你想成为什么样的人”的明智选择。尽管这方面的科学研究还处于比较初期的阶段，仍然有很多东西需要深入探讨，但你也绝对不应该再继续被蒙在鼓里了。相较于你们目前所能了解到的那一点点，我们知道的已经够多了。

话不多说，现在就进入正题吧，我们有很多内容要讨论呢。

第一部分

作为生物的你

第1章　女人是什么?

对这样的问题，尽管不同的角度可以得出不同的答案（我们可以谈论性别认同、社会角色，还有其他无数种使得你最终成为“你”的力量），但是在这里，我们将从进化生物学的角度来看看它是如何描述的。因为研究发现，通过了解我们大脑运作的设计方式，我们可以对许多有关女性的问题拥有更好的理解。

你看，我们每一个人，都是一代又一代成功存活又不断繁衍下去的生命链上的一环，这条生命链从人类诞生之初一直持续至今，数百万年来都未曾间断。但凡你的祖辈中有任何一位不幸英年早逝导致他来不及繁衍下一代，又或者他一辈子都没有生孩子，这个世界上都不会有今天的你在这里。

这件事绝对值得好好赞叹一番。

作为女性，我们从成功的女性先辈那里继承了许多优良的特质，然后追随着她们的脚步——一代又一代，连绵不绝地——对周遭的每一件事做出明智的判断与选择，小到要不要靠近一条蛇（当然不要啊），大到要不要与邻族部落的那位超辣的家伙来一场地下恋情（这倒可以考虑考虑）。可以促进存活以及繁衍概率的特质得以代代相传下去，而那些无益于生存与繁殖的特质则终将在生命的长河中被逐渐淘汰。就是这么简单。这个遗传的过程被称作“自然选择法则”。事实证明，这个法则对帮助我们理解“作为一个女人以及拥有一个女性的大脑到底意味着什么”提供了强而有力的解释。

你就是你的配子

要理解“作为一个女人以及拥有一个女性的大脑到底意味着什么”，我们首先需要来定义女性是什么。从进化生物学的角度来说，这件事取决于你的配子（也就是你的生殖细胞）的大小。如果你的配子很大又很消耗热量，但能提供的数量却有限，那么你就是一名女性，你的生殖细胞就被称为“卵子”；反之，如果你的配子小小的，代谢又慢，却可以取之不尽用之不竭，那么你就是一名男性，你的生殖细胞被称作“精子”。尽管这种指定方式听起来或许太过于简单（甚至根本就是简单粗暴），但它的确是我们所观察到的几乎存在于各种生物身上——无论大小——的性别差异的核心因素，当然也包括人类。

这实际上是件非常有意思的事儿。

举个例子来说吧，拥有更大也更昂贵的生殖细胞，意味着女性——在甚至还没遇到未来的孩子他爹以及孩子之前——就已经在每一个可能成为自己骨肉的孩子身上投入了比未来的孩子他爹更多的代价与付出。而对人类（也对许多其他的物种）而言，一旦卵子成功受精，这种投入的不对等性只会被拉得更大。毕竟，我们都是哺乳动物嘛。对雌性的哺乳动物而言，繁殖是要付出巨大的代价的。因此，拥有更大的生殖细胞常常就意味着你得为需要付出巨大代价的繁殖提前做好准备。

而这样的代价的确非常高昂。生一个孩子，就意味着女性必须和另外一个生命体共享自己的身体长达9个月的时间。这可绝对不是什么小事一桩，这是件相当耗费你能量的事儿，你也会觉得相当的不适。此外，怀孕对一个女人的免疫以及循环系统而言，也是一场后勤补给上的噩梦。更别提就算现代医学已经相当发达，然而世界各地每天仍然会有数百名女性死于怀孕及生产所导致的并发症。

然而问题可不止这些！

你想想看，还有哺乳的问题呢。尽管在当今社会，这已不再是生命得以成功繁衍的必要选项，然而在千百万年来的历史长河中，哺乳绝对是女人不容妥协的职责所在。女人必须通过分泌的乳汁来喂养她们襁褓中的婴儿，而这同样也需要消耗相当大的能量。为了弥补产奶所消耗掉的能量，女性在哺乳期间必须保证每天再额外摄取约600卡路里（1卡≈0.0042千焦）。此外，哺乳也相当耗费时间，而这会增加女性先辈获取食物的困难度。尽管我个人从来没有过边哺乳边到处去觅食的体验，但胸口黏着一个疯狂吸奶的小婴儿……用脚指头想都知道这对觅食毫无帮助。

这边来画一下重点：女人在生育这件事上的最低投入成本都远比男人要高很多。很多很多。而这就意味着女性——在进化的历史长河中——一直以来就面临着众多适应性的挑战，因此我们需要针对妊娠以及生育所要付出的高成本进化出一些独有的特质。说到底，这就是男人与女人的差异所在。选择进化造就了男女双方在心理层面的很大不同，因为最有助于生存与繁衍的特质类型往往会因为性别差异而有所不同。相类似的进化挑战会创造出相近的大脑，而不同的进化挑战则会演变出不同的大脑。要说明这一点，我们来设想一下，假如你和一个陌生人发生了性关系——但是这件事发生在远古时代——你住在一望无际的非洲大草原上，没有任何现代生活中会出现的奢侈品，当然也不会有任何的避孕产品。

我们先来想象自己作为一个男人，会是怎样的场景。

想想看，这样的场景（要一直记得男性拥有的是没那么珍贵的配子以及在繁衍后代这件事上的低成本投入）是不是还挺美的？即便是那位陌生女子长得不怎么好看，你和她在一起也不觉得有趣，但如果她别无所求，单纯只是想和你发生性关系，那么对男人来讲，成全这样一桩“美差”的成本真的是太微乎其微了。实际上，这种场景下发生的性关系可以说是“赚大了”，毕竟几乎丝毫未损就有机会把自己的基因给传递下去。而这正是自然选择法则所青睐的一种特质类型。有利于基因延续的特质将会传递给你的孩子，他们因此也拥有了相同的特质；然后他们再将这样的特质传递给他们的孩子，就这样一代又一代地传递下去。而当这些有利于繁衍的特质在数百万年间传递下来以后，那么它逐渐演化为那个物种（或者说至少是该物种里面的一种性别）的标志性特征就是预料之中的事了。现代男性的求偶心理应该就是具有某些性投机主义的倾向，因为比起他们同时代却不得不被性爱的各种后果搞得束手束脚的女性而言，男性的先辈得以让更多的基因副本传递了下来。

那女人呢？稀有又昂贵的配子，还要忍受至少9个月的怀胎之苦，我们又该如何应对呢？

肯定不会像男人那样。

首先，由于女人的身体本身就是限制她生育能力的一个重要因素，所以她无法通过找寻不同的新伴侣来增加获得基因传递的机会。不管一个女人在一周之内与多少个男人发生过性关系，她也只能——最多——怀孕一次。因此，在选择性伴侣时，渴望追求性新奇感的女性，并不会比那些倾向于一次只交往一个对象的女性传递更多的基因副本。这倒不是说女性完全无法从短期交往中获取任何的好处，其实还是有的（我会在第3章中与你们分享一些），只是说她们无法通过这样的方式来增加更多繁衍后代的机会。一个女人的生育机会是有限的，这取决于其身体本身可以产下多少个孩子，而不是曾经拥有过多少个男人。

所以说，随意的性行为对女人而言，并不会像男人那样能拥有更多的繁衍机会。仅此一点就足以让广大女性朋友保持理性远离性投机主义了。然而，在这种状况下，由于女人需要为此付出巨大的代价，因此这一特质就注定会成为进化历程中一个成功无望的因素。而这一切，又全部都是因为怀孕生产那一系列的问题所导致的。

虽然现代女性几乎可以拥有一切她们想要的东西——事业，人际关系，不必担心意外怀孕就可以随心所欲想“做”就做——但是我们的先辈可就没有这么幸运了。在那个年代，每一次性行为都可能意味着一次怀孕。这可绝非她们人生中的一大“性”事，因为以那时候的历史背景来说，单身母亲的小孩，日子都不会过得太好。在所有记载了死亡原因的案例中，这些由单身母亲照顾的孩子，其死亡比例要远远高于那些有父亲陪伴、有吃有喝有关爱有呵护的孩子。尽管当今社会人都已经制定了相关的法律法规，并提供了各式各样的避孕方式以及专门针对单亲家庭的社会福利项目，这些在一定程度上弥合了当代女性之间的差距，但不得不承认的是，我们依然从千百万年来无法选择的女性先辈那里继承了她们的择偶心理。

鉴于这些差异性，我们应该很容易理解为什么女性比男性更加腼腆，在性的问题上也倾向于非投机主义了。此外，我们也会发现与男性相比，女性往往更倾向于选择一种长久而稳定的恋爱关系，在对性的新奇感上也远低于男性。

你知道吗？这正与科学研究所得出的结论不谋而合。

大多数状况下，女性都比男性更排斥性投机主义——数百项的研究实验都可以证实这一观点。举个例子，我们来看一个在同类研究中讨论度最高的实验调查：研究人员找来了一些颇具魅力的男性及女性演员，请他们轮流站在佛罗里达州一个大学校园的广场上。然后，研究人员指示他们随机地去接近经过他们的异性，并用很随意的口吻向对方说："我已经在这个校园附近注意你很久了，我觉得你超有魅力的。"接下来实验者将会在以下三个请求中择一继续提问（在这些不同的邂逅中随机分配）："今晚你愿意跟我约会吗？""今晚你愿意来我的公寓吗？"或者（最直言不讳的问法）"今晚你愿意跟我滚床单吗？"

结果如下：

男性与女性都各有50%的比例同意出来约会。

然而剩下的两个问题，结论可就大不同了，这完全取决于对方拥有的是男性的大脑还是女性的大脑。

对女性而言，不到10%的人会同意和男性回对方的公寓。然而没有一个女性同意和对方发生性关系，一个都没有。

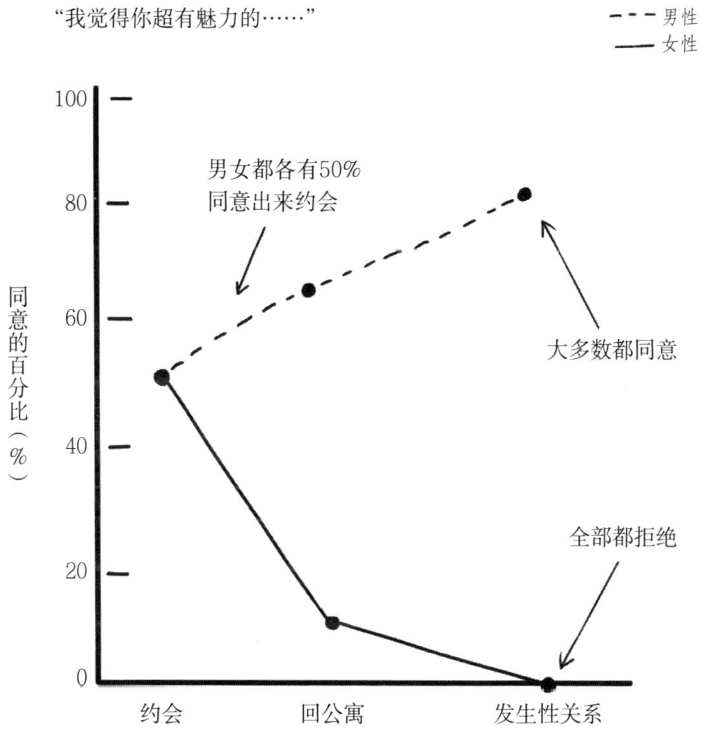

男性和女性面对陌生的异性询问是否愿意（a）出来约会，（b）回到陌生人的公寓，或者（c）跟对方发生性关系的不同反应。

这个时候你可能会想：“肯定没人会愿意发生性关系啊！谁会同意啊？神经病才会要跟陌生人滚床单吧？！这还用想吗？肯定没有人会接受这么荒诞又莫名其妙的性邀请啊……”

除了那80%的男性。[1]

不论荒诞与否，对这种送上门儿来的“性”事，男人们怎么会忍心拒绝呢？与大多数女人相比，男人往往更倾向于性投机主义，因为从人类历史的角度来看，女人面对性爱所要付出的代价可比男人多太多了。既然几乎不需要什么损耗就可以享受“性”福，他们何乐而不为呢？事实上，对男性而言，正是因为他们无须承担太多后续的付出就可以拥有将基因传递到下一代的机会，他们才可以如此没有后顾之忧地对性说“Yes”。然而作为一个女性，性爱就意味着可能要付出高昂的代价，我们的心里自然就反映出这些必须纳入考量的成本付出。女性的天职就是要投入更多，我们需要克服各种五花八门的适应性挑战，因此造就了我们独特的心理环境。

你们说，是不是该为我们这个长久以来备受压迫的性别唱一首赞歌呢？但是开唱之前，我们还是有必要先来了解一下作为男性，他们也承担着不少专属于他们的适应性挑

1 当你将这个结果分别告诉男人和女人时，他们截然不同的反应也相当有趣。女人听到这样的结果，会惊到下巴都快要掉下来了，然后问你：“居然有80%的男人都同意？！”然而当男人听到这样的结果时，他们会问（与女人们一样惊讶）：“竟然有20%的男人拒绝了？！”

战。比如，他们可能没办法确定身边的孩子究竟是不是自己的。

历经9个月的体内怀胎，女性当然可以确定她们肚子里的一定就是自己的亲生骨肉，绝对的如假包换。这也就意味着——在漫长的人类进化历程之中——付出了各种艰辛的女性也一直都是从中受益的。毕竟，这样的付出与投入有助于她们的基因最终可以成功地被延续下去，因为每一个从她们肚子里生出来的孩子都毋庸置疑流着与自己一脉相承的血液。这种亲子关系的确定性，使得女性即便在孩子的身上付出再多也心甘情愿。这就是为什么我们愿意为我们的孩子投入如此多的精力，哪怕他们看起来长得和自己毫无相似之处。

然而对男性而言，情况可就没有这么单纯了。毕竟孩子不是从他们的肚子里生出来的，他们没办法确定每一个生出来的孩子都一定是自己的（也有可能是隔壁老王的啊），这对他们就构成了一项新的适应性挑战：究竟要不要对眼前的这个孩子进行亲代投资呢？而这样的困扰，在女性的身上则永远都不会存在。这种状况，我们称之为“亲子关系的不确定性”。你可能会觉得对男人来讲，这并不算是什么真正严重的问题，然而最近的一项Meta分析研究（这是一项研究其他研究的研究——你可以理解成是一种超级研究）却告诉我们，事实可能并非如此。男性在高度确信自己是孩子的生物学父亲的情况之下，非亲子关系[1]的发生率虽然不高，平均介于2%到4%之间，但是与那些原本就不太确定自己和孩子之间血缘关系的男性相比，这一比率却高达将近30%。

天啊……

正因如此，男性在亲代投资上比女性更容易出现差别对待：感觉上更像是自己骨肉的孩子，他们就相对投入得多一些；而对那些跟自己的关联度实在太不明显的孩子，就会付出得少一些。举个例子来说，在一项研究中，研究人员从外面找来一些人来鉴定孩子与每位父母之间的面部相似度，同时也请孩子的父母来评估在他们心中自己与孩子之间的相似度，并分享他们在心理以及情感层面与孩子之间的亲密度。

然后他们发现，母亲与孩子之间面部相似度的高低丝毫不会影响亲子之间的情感亲密度（参见下页右侧柱形图的数据）。而爸爸们呢？从左侧的柱形图中可以轻而易举地得出结论：这很重要，简直太重要了。那些自认为与孩子的情感最为亲密的爸爸们的长相，往往都要比那些亲子关系没那么

1 意思是男人原本以为他们是孩子的亲生父亲但事实并非如此。——译者注

紧密的爸爸们更像自己的孩子。现在已经有多项研究证实，男性的育儿心理很大程度上都会受到孩子与自己的遗传相关性多少的影响。而女性的育儿心理，却与之有着天壤之别，她们完全不会受到这方面的影响。男人和女人都各自面临着不同的生存以及生殖方面的挑战，这些挑战都是基于这两种生物性别所独有的特质而形成的。因此，男性和女性才会拥有两个如此不同的大脑。

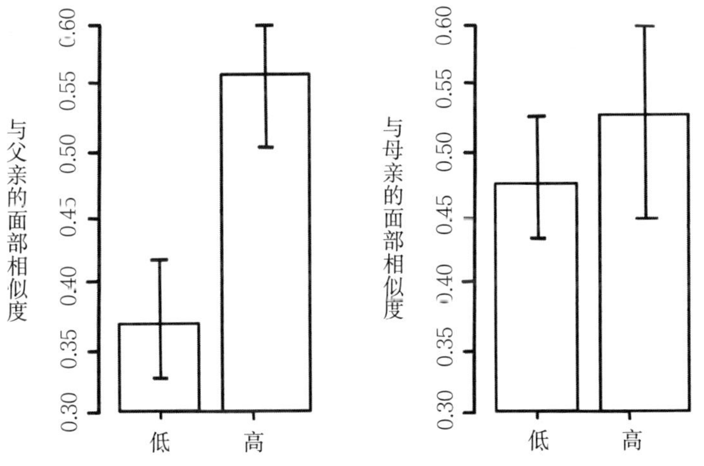

面部相似度是通过量化一组外部评估者对于亲子关系匹配的正确比例来进行计算的。女性与孩子之间的面部相似度对于她们与孩子之间的亲密度没有影响，而男性与孩子之间的面部相似度则会对他们与孩子之间的亲密度产生非常明显的影响。

若无进化之光，女人的一切都将毫无意义

这里，我必须指出的是，尽管类似上述的这种科学研究描述的是绝大多数男性和女性的样本模式，但它所描述的不一定就是你。这也并不意味着随意的性行为对女性而言就是进化史的某种异常，事实远非如此。实际上，我自己的实验室中有许多研究的焦点都集中在导致女性的性投机主义以及性冒险行为的各种因素上。[1]

反言之，这一切都只是表明，女性的心理在某些方面与男性是不同的——通常而言——因为生育和育儿的需求，迫使我们的女性先辈不得不去解决一些男性并不需要面对的适应性问题。而如今，不论是面对男人、孩子、蛇、蜘蛛，还是交配的机会、巧克力蛋糕，抑或是好闺蜜的脸庞，我们的应对方式都反映了我们的先辈面临这些适应性挑战时所给出的解决方案。男性与女性在面临相同的生存以及生殖挑战时，我们大脑的运作方式是一样的；而当面临不同的生存以及生殖挑战时（通常都是由我们生殖细胞大小的差异性所导

1 比如，我们研究了女性与父亲之间的成长经历，以及疾病感染的脆弱度对她们性冒险行为的影响程度。结果表明，在早年生活中缺乏父爱以及更容易感染疾病的女性都更倾向于较为冒险的性行为。

致的），我们的大脑就会做出不同的反应。男性继承了那些在进化过程中有助于促进其生存以及生殖的特质，而女性继承了有助于她们生存以及生殖的那些特质。

这一切都意味着，通过了解我们的女性先辈所克服的那些支撑我们走到今天的生存以及生殖挑战，我们就可以了解身为女性的意义究竟为何。而究其根本，这些挑战在很大程度上都受到了我们生殖生物学的影响。无论喜欢与否，我们的大脑都在漫长的自然选择的进化过程中演化成现如今与男性截然不同的形态，毕竟我们会生小孩，而他们不会。尽管也许选择对这些差异视而不见比接受更容易，但它其实会与我们心理的方方面面都有着不容忽视的级联效应：你会选择和什么样的人发生性行为，用怎样的方式养育你的子女，吃什么样的食物，和家里亲戚的关系如何，和非亲非故的人又会如何相处，在充满竞争的环境中是否愿意力争上游，受到别人挑衅的时候是否会主动反击……这些都在潜移默化中受到你大脑的支配与影响。作为一个女人，就意味着我们拥有一个会认真对待性爱而没那么在乎薪水高低的大脑；这也意味着我们对性伴侣的选择会更加挑剔与谨慎，而行为上的攻击性则较小；这还意味着我们更容易产生自体免疫性的疾病，而罹患高血压的概率较低。你之所以能成为如今的你，是因为在你之前一代又一代的女性在漫长的生命演化进程中成功地存活了下来，而她们的子子孙孙也能绵延不绝地世代繁衍，将女性生存与生殖所需的特质传递于你，中间没有一点停歇，也不可以有一丝失误。总而言之，身为女性，就是身为一部讲述进化成功的史书。我们每一个人的体内都聚集着我们女性先辈传承下来的聪明才智，它存在于我们的身体之中，也存在于我们的大脑之中，它，还存在于我们的荷尔蒙之中。

作为一个女权主义者，你应该可以接受这一点，因为……

说到这儿，我猜你们中的有些人听到我把女人简化到仿佛只剩下子宫的功能可能快要发怒了。如果这是你的观点，我可以理解你反对的原因。我恰好同时拥有一个子宫和一份还不错的学历，而我自认为之所以能成为如今的我，后者在其中所扮演的角色比前者来得更有趣，也更有意义。对我而言，除了子宫以外，我还有很多有价值的地方；而我相信，你一定也是如此。

好消息是，这种看法与事实相去甚远。

没错，作为生物的你，你的子宫还有你那即便是最低标准也依然需要付出很多的亲代投资都是其中的一部分。然而你可以选择通过这个生物体做任何你想做的事儿，怎么说你都是女人嘛，一个集数百万年来的智慧于一身的女人。因此，了解自己身体的运作方式只会帮助你做出更好、更聪明的选择，让你成为你希望自己成为的那个你。如果这么说你还不认为这是支持女性以及女权主义的立场，那我真的不知道什么才是了。

认识到男女之间彼此有着天差地别的不同，并且理解这些差异从本质上可以归结为是两性生殖所需的最低投入成本上的差异，并不意味着（我再强调一次：并不意味）：（1）所有的女人都应该生孩子；（2）所有的女人都想生孩子；抑或（3）任何其他游走于这两个“潜规则”之间会让人觉得被冒犯的观念。男女大不同，因为从我们生殖生物学的角度上来看，我们就是两种截然不同的生物体。但这样也并不代表每一个女人都会做出与我们的女性先辈相同的选择。

现在的我们大可不必如此。

因为……我们学会了如何避孕。

而且你仔细想想，不觉得我请你们从生物学的角度来思考我们与男人之间的差别，比从“纯粹社会化”的角度来解释这些差异好太多了吗？我实在是想不出比“我们与男人不同，是因为我们盲目地接受了社会舆论、各大媒体，甚至还有永远都是‘为我们好’，但不得不说思想实在太过守旧的父母强加于我们身上的那些文化习俗以及社会规范”更贬低女性身份的说法了。我其实不太确定，这种将女性置于一个比起从生物学的解释角度更加顺从的地位所提出的性别差异理论，究竟是如何受到女权主义者们的青睐的。“将女性作为一种文化构建”的论点把女性描绘成是男性强加于我们身上的社会角色的被动接受者，而进化生物学的观点则将女性视为吸收了我们的女性先辈传承数百万年的智慧的受益者。

如此听来，前者的观点怎么会比后者更好或更有说服力呢？

那些向你讲生物学理论与女权主义水火不容的人其实都搞不清楚自己到底在说什么。要做出对你的身体和健康负责任的决定，你就得成为研究**你自己**的专家，要对在你体内时刻进行着的生物过程了如指掌。而这也意味着你要明白为什么在选择进化的过程中我们被赋予了这样的大脑，拥有这样的荷尔蒙。倘若不了解我们被创造出来的过程，我们就无法充分理解我们的思想、大脑以及我们的行为模式。

在此我斗胆借用进化生物学家费奥多西·多布然斯基曾

经说过的一句有史以来我最欣赏的名言（若无进化之光，生物学的一切都将毫无意义）：若无进化之光，女人的一切都将毫无意义。说了这么多，如果你还是不为所动，那么我想下面的这个故事说不定会奏效，这是一个有关你“大姨妈”的故事。这段故事太精彩了，值得我专门给它开一个副标题来讲述。

关于“大姨妈”的那些精彩绝伦的故事——月经

在开始侃侃而谈之前，先让我们一起来回顾一下你的月经到底是什么。你的月经是你的身体在每月一次的周期里为了做好怀孕的准备而建立的子宫内膜脱落现象。子宫内膜就是受精卵着床的位置。若卵子没有受精成功，子宫内膜将会崩解，然后排出体外，成为你每个月都得面对一次的麻烦事儿，也就是你的月经。

这么说来，似乎每月一次的子宫内膜脱落只是我们作为哺乳动物所附带发生的一种现象而已。作为胎生物种，哺乳动物都拥有子宫，这就意味着我们完全可以合理地假设所有的哺乳动物在没有成功受孕的状态下都会发生每月一次的子宫内膜脱落，这听起来十分合乎常理吧？

然而事情并不是这样的。

绝大多数雌性哺乳动物都没有月经，只有很少数的物种会来月经。这就告诉我们一个事实：身为胎生动物，并不一定非要经历这个烦人的过程。

那么问题来了：为什么我们就非得来月经呢？

怎么说呢，目前科学家认为有可能的一种解释是，它只不过是自然选择的过程中所延续下来的“那些特征的其中之一”，也许仅仅因为它是其他某种特质不经意间所产生的一个未曾预料的结果，而它的存在并不需要消耗多大的成本，所以也就不用被淘汰掉了。尽管听起来不是不无可能，但这其实是说不太通的。月经可不是没有成本的。

首先，是代谢成本。生命中没有任何事情——即便是一层没有用到的子宫内膜——是毫无成本的。每个月都要占用身体内的资源来重新构建新的子宫内膜是要消耗能量的，而这些能量本可以用来去建造体内的其他项目，比如细胞修复、神经生成、免疫功能的强化，以及其他一些我们的身体想要或是需要的东西。这也就是为什么其他大多数胎生雌性哺乳动物都只是单纯地在体内将子宫内膜重新吸收掉而已。这种体内回收程序的形式可以最大程度地降低每个月重建一次新的子宫内膜的成本。

可我们就偏偏不是这样的。我们就是要让它剥落掉再排出来。这就真的有些令人费解了，毕竟每一次卵子未着床就得将所有这些细胞都剥离出体外实在是太挥霍了。[1]虽然说代谢成本本身在我们当今这个衣食无忧的社会环境中算不上是什么大事儿（事实上，我们中的很多人可能还会时不时地欢迎一些额外的代谢成本），但在整个进化过程的历史长河中，代谢成本的确算得上是个值得纳入考量的问题。因为我们的物种在绝大多数时间里都是靠山吃山、靠海吃海的，所以可以这么说吧，我们的身体已经被优化成了能在食物的数量以及获取的不确定性都远不如今的环境里生存下来。也就是说，在自然选择的法则之下，我们逐渐演化出一种相当勤俭节约的代谢模式。那么，抽调体内的其他能量用以剥落子宫内膜的这种浪费行为就需要好好解释一番了。

---

1 但这里必须要重点强调的是，现代女性的月经频率远高于进化历程中的女性先辈，因为我们不再那么频繁地怀孕与哺乳了（啊，这真是太感谢现代的避孕技术了）。有一项关于居住在最接近我们祖先以狩猎采集为生的社会环境中的女性所做的研究报告显示，她们那个年代的月经次数要比现代女性少了五分之一。这就意味着当代女性平均所浪费掉的子宫内膜比我们的先辈多得多。然而尽管如此，这种我们必须要把它整个剥落掉的想法——且频率是我们先辈的5倍之多——依然需要一个好好的解释。

退一万步讲，就算这件事儿的成本真不怎么高，但这里面的逻辑也是一团混乱。血腥本身就是一团脏乱，它还会让你成为捕食者的头号目标。你不需要拿到一个生物学的学位就完全可以理解，若想提高女性生存以及生殖的成功率，吸引捕食者前来绝对不会是应该努力的方向。而且别忘了，每次月经来的时候感觉其实都很糟糕。经期内的各种症状每年都会导致美国的女性因此损失超过一亿小时的工作时间。对部分人而言，这些困扰实在令她们感到无能为力，面对来自大自然母亲的诅咒，她们能做的真的不多，只能把手伸进抽屉里摸出一颗布洛芬，就着水吞下去（而在过去自然不会有这种东西的存在，因此可以想象我们可怜的女性先辈过得比现在的我们还要惨）。

所以月经真的不用付出任何代价吗？我会说，胡扯。

现在可以再回到我们前面要开始讨论的话题了。女人会来月经，其他大多数哺乳类动物都不会。而月经从方方面面来讲都是极其消耗成本的，这又会对我们生存以及（终极目标）生殖的成功与否造成影响。

那我们究竟为什么要来月经呢？

答案也许会让你觉得毛骨悚然，但却超级有趣。

开始之前，我要先告诉你，你以为自己所知道的有关怀孕的一切信息可能都是错误的。嗯……好啦，不至于一切啦，但有些的确是错误的。尤其当你在脑海中无限美好地憧憬，把怀孕想象成是一个母亲与她肚子里不断孕育着的小生命之间所发生的一场无比崇高、充满爱意的交流时，你就大错特错了。尽管也许从外表上看起来，怀孕可以很甜蜜又幸福，无私又充满了爱，然而母亲的子宫，却是一个不折不扣的战场，一场关乎母亲本身与一颗小小受精卵之间争夺最佳进化利益的战争正在悄无声息地展开。

你想啊，说到着床这件事，身为母亲，她与这颗受精卵的利益其实并不完全重叠。尽管她们与肚子里的胎儿之间拥有着50%的共同基因，但可别忘了，她们与自己之间拥有的可是100%的共同基因。这句话的后半部分或许是你所听过最愚蠢的话，但其实它有着相当深奥的含义。母亲——由于她们与自体的关联性是与任何试图着床的受精卵的两倍——与受精卵在“成功着床后的他或者是她是否值得在接下来长达9个月的时间里付出所需投入”的这个问题上时常是意见相左的。鉴于怀孕需要投入大量的时间与资源，母亲们原则上是不愿将自己的生殖资源都挪用去开发一颗不见得有机会存活下去直到长大成人的受精卵的。因此，女性的身体需要具备精挑细选的能力，对哪些受精卵值得投入，哪些又该舍弃掉，做出明智的选择。[1]

现在所处的这种左右为难的境地，显然不是一颗受精卵所期盼的理想状况（尤其是万一它发生了某些异常的基因突变导致它可能无法存活到成年期）。然而在这颗受精卵的眼中（它与其自体的关联性可是与其母亲关联性的两倍啊），无论可以在这个世界上存活下来的机会有多渺茫，它都应该被赋予努力尝试取得成功的机会。毕竟对它而言，这是它这

---

1 请千万不要断章取义，上述我说的任何一句话都需要放在我所向你展示的生物学理念的背景之下才成立。我可以预想得到，有些人也许会认为我的潜台词是生下一个有生理发育缺陷的孩子是“不好的”或是“不自然的”。请你放心，我永远不会做出这样的暗示。每一个诞生下来的孩子都是历经了千难万险才得以成为这世上的一分子，因此这世间的每一个生命都有他生存的权利。我也必须要提醒大家，如果你曾经有过胚胎闯关失败的经历（比如，你曾经不幸流产），要知道那不是你的错，你并没有“选择”那样的结果。这里我只是在向你解释，为什么女性的生殖系统是这样运作的而已，这可不是一张指导你事情应该是怎样怎样的处方签。从生物学的角度而言，或许会倾向于某一种特质，但这并不代表这种特质就一定是“好的”或是“可取的”。我的两个孩子都是早产儿，都曾经不得已在新生儿重症监护室度过了一段时间。若不是发达的现代医学所进行的干预性治疗把他们从在进化历程中原本相当“自然”的状况（死亡）中拯救回来的话，今天的我根本就没有机会成为一名母亲。“它原本如何”与“它应该如何”是两码事，我们要学会将它们分开看待。我们可以单纯只是欣赏我们的运作方式，而大可不必把它当作我们过日子的生活指南或是这个社会的设计原则。

辈子唯一一次可以活下来的机会。而我们的本能不就是要想方设法生存下来吗？因此，除非这对母亲而言所要付出的代价太过庞大以至于可能会大幅降低她未来的生育能力，否则这颗受精卵是不会愿意接受不战而败的（其实这对它本身也是有好处的，毕竟这颗受精卵与他或她未来的弟弟或是妹妹之间会共享50%的相同基因）。撇开这些极端个例，受精卵应该竭尽所能、不遗余力地让自己得以在妈妈的子宫里安稳地住下来，扎根于她的血液之中，以待生长。

然后你会问我：那这些到底与子宫内膜有什么关系呢？

这关系可太大了。

尽管在我们很多人的印象中，子宫内膜就像是一张温暖又舒适的毯子，温情地拥抱着受精卵，而实际上它的运作方式却与此大相径庭。子宫内膜对受精卵而言，实则是一个如履薄冰的试验场，你以为它应该会鼓励受精卵着床，殊不知它却为此设置了重重障碍。人类的子宫内膜细胞在子宫的内部层层堆叠，建造出了一个犹如堡垒般坚固的子宫壁，若要着床并找到足以提供其生长所需能量的血液来源，受精卵就必须得从这道坚固的“城墙”凿过去才行。密集的细胞组合非但没有引导受精卵着床的过程，反倒为其设置了各种更加严峻的挑战，受精卵想在这里获取妈妈的血液供应，要在比身体内的其他任何一个地方都要困难。我们是怎么知道这些的呢？科学家曾经做过一个实验，试图将老鼠的胚胎移植到体内其他的部位。原本大家预测，离开了子宫的环境，缺少来自子宫内膜的滋养，胚胎应该会逐渐萎缩并且死亡。然而令他们大吃一惊的是，结果却恰恰相反。这些被植入到身体其他部位的胚胎非但没有死亡，甚至可以说是茁壮成长。这些小霸王不留情面地凿穿每一处所植入的身体组织，四处找寻可以为它们的持续生长与扩张提供能量的血管动脉，所经之处一片狼藉，无一不被摧毁。其实，子宫内膜算得上是整个身体中胚胎生长最为艰难的地方之一了，其内部的环境对一颗新诞生的受精卵而言实在是太恶劣了。

脑海里原本那个温情又充满爱意的画面就此破碎。

但是，这样的构造从进化的角度来看其实是相当合理的，至少对准妈妈们而言是这样的。首先，这种极具挑战的环境为受精卵能否经受得住生存的考验提供了第一轮可行性测试。如果受精卵连勇于凿穿这座“城堡”的胆量都没有，十有八九它也不会具备在现实世界中生存下去的能力。那些连第一轮筛选都无法成功晋级的受精卵没有着床成功，作为母亲甚至从来都不会知道有一颗受精卵在其生命之初曾经在她的肚子里存在过。接下来到了每月一次的子宫内膜脱落，由于没有事先得到母亲批准的印章，这颗存活概率渺茫的受精卵将失去在其母亲的肚子里继续流连并寻找着床机会的可能。据估算，大约有32%的受精卵都不得不面临这样的命运。

而那些在这片环境恶劣的不毛之地上成功闯出一条路的受精卵也不用高兴得太早，还有第二轮的筛选正等着它们，这一次的评判标准是人绒毛膜促性腺激素（hCG）分泌水平的多少。hCG是由已经着床的胚胎所释放出来的，其作用是为了防止母体触发一系列的生物级联反应从而导致月经程序的启动。[1]相对健康的胚胎会分泌更多的hCG，而没那么健康的胚胎则会分泌比较少的hCG。因此，如果一个胚胎所分泌出来的hCG的量不足以达到其母亲所认定的投资标准（而这个标准本身就各不尽相同，它取决于生殖条件的有利程度），母体就会触发一系列的生物级联反应来及时止损，导致子宫内膜、胚胎以及所有其他相关的细胞组织一起剥落。经过这第二轮的筛查，又将会有大约24%的受精卵因此而送命。在一个母亲

1　这与导致女性在怀孕初期常常会感觉恶心想吐的激素是同一种荷尔蒙，它同时还具有一项非常重要的自我适应功能。研究表明，孕吐可能会有助于防止母体摄入致畸物，这些化学以及化合物质会对胚胎发育造成严重危害（尤其是在怀孕初期胚胎的神经系统模块处于建构阶段时）。西兰花、肉类、蛋类以及其他一些味道强烈或是有苦味的食物中都富含这些化合物，这就是大多数女性在怀孕之初的12～14周内都不太想吃这类食物的原因。

尚未决定要接受一个新的胚胎之前，子宫内膜的组织会保护母体免受该胚胎侵入其体内的循环系统。大约有一半受精卵在大部分的女性根本尚未察觉自己怀有身孕之前就已经先阵亡了——可想而知，这种生理机制的启动频率绝对比你原本以为的要高得多。

人类会有月经，是因为子宫内膜的剥落使得女性可以将是否要为怀孕付出巨大投入的门槛拉得更高。之所以我们会有这样的生理机制而其他大多数物种都没有，是因为作为人类女性，投资错误的怀孕所要付出的代价比其他任何物种都要高。除了要比其他大多数雌性物种投入多得多的前期成本之外（长达9个多月的孕期可不是闹着玩儿的），分娩对人类女性所造成的危险性绝对要远远高于其他雌性物种。小婴儿的那颗巨大的脑袋要钻过妈妈狭窄的髋部，这种听起来都觉得艰难的组合着实使得分娩成为一个相当棘手的过程。女人的身体是很有智慧的，她们懂得怀孕这件事必须要“精挑细选”，而子宫内膜的周期性剥落无疑就是这种智慧的一大体现。[1]

1　尽管关于子宫内膜每月剥落一次的具体功能还有一些其他的相关理论，但这是迄今为止最具有说服力的理论了。

想了解女性，就需要先了解生物学的基本原则是如何让我们成为“我们”的。而了解我们的运作方式并不会让我们变得弱小，相反，它会带给我们更多的力量以及掌控生活的能力。同时，它还有助于理解诸如像女性的性荷尔蒙这一类如此微小又看似无关紧要的东西究竟是怎样的神通广大，竟然可以影响一个女人的方方面面。生殖就像是驱动选择进化过程的一个引擎，这意味着关于我们的一切都建立在基因传递的基础之上。即使是你可能从未想到与性或生殖有关的那些事情——比如你的应激反应功能以及免疫系统功能，还有你的食欲以及尝试新事物的兴趣——都以它们目前应有的形式存在着，因为它们的存在就是为了帮助优化基因的传递。这就是说，性——以及你的性荷尔蒙——是造就你是谁的核心因素。

第2章　你就是你的荷尔蒙

你的荷尔蒙就像是你一生中曾经遇到的某一组化学信号一样，一直被深深地误解着。荷尔蒙如何影响女性的心理以及行为方式的这个话题，长久以来都被人们所轻视、曲解，甚至是篡改——大多数时候，连他们自己都搞不清楚自己究竟是在说些什么。因此接下来的篇章里，我将会向你讲述，你的荷尔蒙究竟是什么以及它们在你的身体里都做了些什么。我希望你看完之后可以忘却之前对荷尔蒙的所有误解，并且开始学着欣赏这些被误会了的小信使们所做的那些令人惊叹的伟大事迹。是它们，让你，成为此刻的你。

不过，在我们开始深入探讨这个话题之前，我想请你先花一些时间搞清楚一件事：试着去理解“你是一个生物体”这个概念，而且不论是从“你继承了那些成功的女性先辈的心理智慧”这种进化大局观的角度，还是从“你的思想就是你的大脑此时此刻正在进行的活动之产物”[1]这种唇齿相依的联动角度来看，都是如此。这绝对比你想象的还更难以理解，因为以人类的思维方式很难去相信自己不过就是现实世界里的那个大脑活动的产物而已。即便是终其一生都在潜心研究大脑的人，也很难长时间地去保持这种想法。就拿我自己来说吧，从我不再强迫自己去想这个问题的那一刹那起，我的大脑毫不费力地就把这则毫不起眼的自传中的一个小小细节给忘得一干二净了。作为一个活生生的人，我们拥有自己的社交生活，有自己喜欢的餐厅，这与我们原本的感知实在是大相径庭，难怪我们的大脑很难去相信这是真的。但事实是，这就是真的。生物学是我们所做、所感，也是我们所在的一切之核心。

1 如果你相信我们有一个可以与肉体相分离的灵魂，并认定灵魂才是一个人的本质（而非生物学），那么我想你明白：我完全尊重你的价值观。即便如此，这本书中所讲述的一切仍然与你息息相关，不容小觑。我希望无论我们处于何种信仰体系，都可以为生物学留出一席之地。但愿，你也会这么想。

读这本书其实也是此时此刻你大脑中正在进行生物活动的结果。本页的这些文字还有我让你思考的那些观点，都在让你的脑细胞增加一些新的联结，并修剪掉一些其他的联结。如果我把你连接到一台超级精密的大脑扫描仪上（诸如此类的东西还没有发明出来，但希望之泉永不枯竭），我们将可以看到你的大脑已经在学习有关它自己的知识的过程中发生了物理性的变化。你一步一步成为“你”的经历，其实是由身体的物理性结构所产生的活动而创建的一种生物现象。

这也是为什么我们身上的一些小古怪反而会让我们感觉更像是我们自己——我们的个性、我们的喜恶、我们的情感，还有我们感受爱的能力。你所学习到的每一条信息，曾经脑洞大开的每一个荒谬的点子，都来自你大脑中所释放并转换成的脑电波以及化学信号。如果我让你——此时此刻——想象自己正在歌手小贾斯汀的生日派对上与一只训练有素的黑猩猩跳着呵吉啵吉舞，你的大脑会立即从你所有的神经回路中提取出相应的信息——你曾经参加过的童年派对游戏、旧世界的灵长类动物，还有青春偶像的形象——然后在脑海中勾勒出一幅人猿共舞的美妙画面：右脚伸出去，右脚收回来，右脚再伸出去，如此类推。尽管我敢打赌你应该从来都不会想到自己会为这样的一种情境保留什么神经回路，但如果你能想到，就证明你是有的。

别心碎，但究其根本，你就是生物的你。

虽然这个细节是我们很容易就忘却的，但是在你认真思考要不要服用避孕药的时候，这一点至关重要。这是因为，当涉及“是什么造就了你”的这个话题时，有两件事至关重要：（1）你的神经系统（以及它的化学信使：神经递质）；（2）你的内分泌系统（以及它的化学信使：荷尔蒙）。尽管大多数人一听就可以很快地接受神经系统在造就自己的问题上所扮演的关键角色（毕竟大脑本身就是神经系统的一部分），然而却往往低估了他们体内荷尔蒙所发挥的作用。大家都倾向于将它们外部化，认为荷尔蒙是发生在我们身上的某种反应而已（仿佛我们的本质就是一个没有任何荷尔蒙版本的自己）[1]，而不是我们自己的一部分。然而，就像我们的

1 我不太确定将荷尔蒙外部化的倾向从何而来，但我觉得青春期以及孕期时生理上所发生的重大改变可能会与此有关。以青春期而言，假设你是小美，某一天性荷尔蒙如期而至，你突然长出了许多毛发，变得喜怒无常，满脸都是青春的痘子。你仍然会觉得自己是小美，只不过是在荷尔蒙作用下所感觉的小美。因为这些荷尔蒙介导的变化相对容易识别——况且我们的荷尔蒙不可能在每一次尝试新事物的时候就引发一场重大的身份认同危机，毕竟这对我们中的任何一方都没什么好处——所以许多人通常会倾向于认为我们的荷尔蒙更像是覆盖在“我们是谁”这个问题上的一层叠加而已，而非我们自身的一部分。

神经递质以及大脑中的突触放电模式一样，荷尔蒙同样也是创造了让我们能感觉更像自己的体验的关键因素。而这意味着类似像避孕药这样——会改变女性性荷尔蒙分泌模式的东西——可以将一个女人从她原本以为的自己，改变成完全不同的另一个人。

荷尔蒙入门小课堂

那我们就从最基础的开始吧，来聊一聊荷尔蒙是什么。荷尔蒙是许许多多的信号分子，它们在你身体中的某个部位合成，然后释放进入血液之中，与你体内任何具有相匹配的荷尔蒙受体细胞相结合，从而进行反应。荷尔蒙会在血液中扩散，因此荷尔蒙可以穿越很远的距离，到达远离制造它们的生产地的受体位点。[1]这种扩散释放系统使得它们能同时作用于很多不同的身体系统，成为得以让身体很多不同部位同

1 这些特定的受体存在于细胞膜、细胞质或细胞核之中，无论受体在哪儿，荷尔蒙都会想方设法地去到那里与它们相结合。它们的运作模式可以用“一把钥匙开一把锁”来形容：荷尔蒙就像是一把在血液中到处漂浮的小小钥匙，只有找到那个可以与之相匹配的钥匙孔，才能开启你想打开的那一扇门。因此，尽管荷尔蒙在血液中弥漫性地释放，它们依然可以精准地作用于特定的目标受体。

时接收信号的有效沟通手段。如此说来，荷尔蒙好像有点儿像是个身体里的扩音器，它们将指令广播到人体内各种不同细胞的耳朵里，而那些接收到指令的细胞们（也就是那些具有激素受体的细胞）就会根据指令去执行它们应该去完成的任务。

荷尔蒙的首要任务是要确保体内所有的系统在任何时刻都能清楚了解我们的身体应该做什么，并保持步调一致。我们大多数人可能都会觉得，这不是理所当然的事儿吗？但请你试着想象一下，倘若此时此刻，你一半的身体认为它正在准备睡觉，而另一半则认为它正在躲避一只熊的追赶而试图拼命逃跑，这是不是有够分裂的？还有更糟糕的——再想象一下假如这一切都发生在你已经实际准备好要做爱的时候，而你的身体却一直在进行着各种拉扯……那可真的是糟糕透顶了。如果没有荷尔蒙的广播指令来帮助我们的身体维持在一个统一且协调的步调之下，我们应该很快就会因为生理错乱而死亡了。要是你觉得我只是在危言耸听，那不妨来看一下荷尔蒙究竟在对我们的身体的哪些方面造成影响：消化、新陈代谢、感官认知、睡眠、呼吸、泌乳、压力、生长、发育、性生活、分娩、排卵周期、情绪，还有你曾经在浴室里关起门来所做过的那些事儿……而这还不是全部，只不过是其中的一部分而已。尽管我们往往都只有在身体真的出现状况了才会意识到荷尔蒙的作用（例如甲状腺失调或是不合时宜的粉刺），但事实是，它对我们的生存至关重要。

而你还以为是你自己不受重视呢。

你的荷尔蒙几乎承包了你身体里所有的协调工作，而且这可不仅仅是从脖子开始往下算的——你的大脑中所进行的活动也受荷尔蒙的支配。虽然说“你的大脑是靠荷尔蒙来影响它自己的活动”这件事听起来有点儿本末倒置，但这种生物学上的黑客任务正是进化选择所擅长之事：一种基于已经存在的硬件来解决问题的方案。

你可以把你的身体、大脑和荷尔蒙之间的关系，想象成是飞机（身体）、飞行员（大脑）和一个由计算器控制的飞行计划软件（荷尔蒙）之间的关系。如果飞行员想去罗马，她就会启动飞机上的罗马软件；而她如果想去巴黎，就会运行巴黎软件。如此等等。每一个软件程序都会让飞机上的每一个部件（比如襟翼、方向舵等）以及飞行员本人清楚地知道要做什么才能确保飞机朝着正确的方向前进。罗马软件引导飞行员和飞机齐心协力抵达罗马，巴黎软件则引导飞行员和飞机齐心协力抵达巴黎。荷尔蒙负责告诉你的身体和大脑目前正在运行的是哪一种软件，这样大家才可以步调一致，清楚地知道现在应该要做什么、朝哪里前进。

即使最后发现自己是克利夫兰[1]。

这些指令可绝对不仅仅是一些微调或是小修改而已。对我们的身体所创造出的这个版本的自己，荷尔蒙所产生的影响有时候是举足轻重的。举个例子给你听吧，我要告诉你这世上有一种超级疯狂的物种：一种拥有三种性别的鱼。之所以要讲这个，不仅仅是因为它可以说明在不同的荷尔蒙水平影响下我们从本质上究竟可以有多不同，还因为它实在是太酷了，怎能不和你们分享呢?

拥有三种性别的鱼

虽然在一本关于避孕药的书里谈论鱼类听起来似乎有点儿荒谬，但无论在何种背景主题下，这种鱼都绝对值得我们来好好地探讨一番。如果有必要的话，就算是一本关于伊丽莎白时代伟大戏剧的书，我也会想方设法把它塞进去。不过在我们现在所要讨论的主题下，它还真的特别有趣，因为它确确实实拥有三种性别。而之所以拥有三种性别，正是与它

1 我们总是爱拿我们所爱的人开玩笑，哈哈。——作者注
克利夫兰是动画连续剧《恶搞之家》（*Family Guy*）中虚构的一个卡通人物。——译者注

的性荷尔蒙息息相关。

这种鱼叫作斑光蟾鱼（Porichthys notatus），是一种外表丑陋无比但却相当迷人的夜行性鱼类，它原产于太平洋。之所以能拥有三种性别，是因为有别于其他的一般物种，它的雄性个体拥有两种不同的形态。这两种形态的雄性个体无论从外观还是行为表现上来看都有着本质性的差异，以至于生物学家们实在没有办法睁一只眼闭一只眼把它们归类为同一种性态，因为它们实在是太不同了。

第一种雄性个体被（前所未有地有创意地）称之为雄性个体一。它们绝对可以称得上是斑光蟾鱼世界中身材魁梧又性感的情场高手：体型比同类的雌性大了8倍之多，还会发出深沉的咕哝咕哝的喉音，让雌性鱼毫无招架之力。每年的春夏两季，这些雄性鱼就会在靠近海岸边的浅滩处找寻适合的位置，在岩石缝中搭建出一个洞穴，开始它们的“筑巢行动”。一切准备就绪，它们就开始整夜发出低沉的声音，吸引附近的雌性鱼。雌性鱼在听到“爱情的召唤”后前来，在它们的巢穴之中产下自己的鱼卵。

然而雄性个体二，就比雄性个体一要小多了。它无论从外观还是行为表现上来看都更接近雌性，跟雄性个体一相比简直大相径庭。而唯一能区分雄性个体二跟雌性的真正方法，就是观察它们的生殖器官，雄性个体二的生殖器官比雄性个体一的生殖器官整整大了7倍。

没错，我说的就是大了7倍。

好啦，我们还是不要太沉迷于这样的画面了……值得注意的是，这种鱼是通过体外受精来完成繁衍大任的：雌性鱼来到雄性个体一所建筑的巢穴之中，将尚未受精的鱼卵排出体外，然后就此徜徉而去，一切与它再无关联。身为母亲，雌性斑光蟾鱼通常都无须照顾这些受精卵，因为它们有充足的安全感，相信在体型壮硕又性感的雄性个体一的领地里，它的宝宝们会得到悉心的照料，安全地孵化出来。

在这样的状况下，雄性个体二就没有什么选择的权利了。它们身材弱小，根本无法发出低沉而又性感的声音吸引异性前来，更没有能力捍卫自己的领地，这就逼得它们不得不采取一种偷鸡摸狗的狡猾策略才能繁殖后代——而此时，就是它们这种小小的身形派上用场的时候了。鉴于它们的体型与雌性鱼差不多，它们就可以伪装成雌性的斑光蟾鱼偷偷摸摸地混入雄性个体一的领地（这想必是得靠着鱼鳍要上一些花招来分散雄性看守鱼的注意力，这样它们那XXXXXXXL码的生殖器官才能瞒天过海），然后找准机会对未受精的卵子进行受精。这就是它们的生殖器官如此之大的原因——这一次的偷袭也许是它们可以繁殖后代的唯一一次机会，所以它们必须得能射出的精子越多越好，才能增加鱼卵成功受精的概率。

虽然这两种类型的雄性在出生时具有相同的基因，但雄性个体一中的一组荷尔蒙介导的开关被开启，而雄性个体二中被开启的则是另一组不同的荷尔蒙介导开关。[1]而这种转换的结果，就导致这两种类型的雄性个体有着截然不同的生存观和行为表现，体验这个世界的方式也大相径庭——而这一切都是由于它们各自不同的荷尔蒙活动所导致的。大脑在发育的过程中接触到了不一样的荷尔蒙，导致它们最终形成了两个构造完全不一样的大脑。而身体在成年期若接触到不同水平的荷尔蒙，也同样会导致它们对环境做出不同的反应。荷尔蒙在塑造“它们是谁”的问题上扮演着至关重要的角色。

而这对你来说也是如此。

不论你是一条鱼，还是一只青蛙、一只鸟、一只黑猩猩，还是一个人，荷尔蒙都对你身体所做的一切产生着深远的影响。因为几乎你体内的每一个细胞上都具有荷尔蒙受体位点——

1 尽管生物学家们仍然在致力于研究这些开关转换的具体细节问题，但考虑到雄性个体的遗传及外部环境因素，这很有可能与指示它们哪种途径最有利于成功繁殖这个关键性的问题有关。

包括你大脑中的数十亿个脑细胞也是如此——你在想什么、你感觉如何、你要做什么……荷尔蒙对你的影响无处不在。

但是大多数情况下，你就是你的性荷尔蒙

虽然你体内所有的荷尔蒙都具有重要的作用，但还是很难想象有哪一种荷尔蒙可以比你的性荷尔蒙对大脑（或者还有你身体的任何其他部位）的活动所产生的影响力更大更强烈的了。思考一下我们被创造出来的过程，就可以很好地理解这一点了。我们从先辈那里继承了一个大脑，它将所有与基因传递相关的事情放在生物学待办事项清单上的首位，其中“性”这件事又被特别加粗加下划线作为所有任务中的重中之重。

对女性而言，主要的性荷尔蒙就是雌激素与孕激素，而其中最受关注的就是雌激素了。[1]这是有充分的理由的：当

1　虽然女性体内有着三种主要类型的天然雌激素——雌酮、17-β雌二醇和雌三醇——但这里我仅仅针对17-β雌二醇（又称雌二醇）进行讨论。雌二醇是育龄女性的主要雌激素，通常人们在谈论“雌激素”的时候所指的就是它。所以从现在开始，当我说到“雌激素”的时候，你们要知道我所指的就是17-β雌二醇。我更喜欢用它的俗称来称呼它，因为这样更简单，也可以大大降低你在公共场合一不小心就开始以17-β雌二醇来称呼它的可能性（这种行为将会为你招致比任何人所应承受的鄙视多得多的白眼和叹息）。

我们在思考“是什么使得女人成为女人”这个问题的时候，我们所想到的绝大多数答案都是由雌激素这种荷尔蒙所负责的。举个例子来说，它会负责你乳房还有沙漏型身材等部位的发育和维持，以及生殖系统的发育与调节。此外，雌激素还会在每个月帮助你的身体为怀孕做好准备，甚至包括激发你“性”趣的行为，以创造好“孕”降临的机会。[1]在第3章中，我们将会更详细地去讨论当雌激素占主导地位时女性的心理及行为表现从本质上会发生怎样的变化。现在，我们只需要注意到，比起整个排卵周期的后半个阶段，在雌激素占主导地位的这个阶段中，女性通常都会感觉到自己变得更加妖娆与性感。

女性体内另一种主要的性荷尔蒙是孕激素。如果说雌激素是女性荷尔蒙中的那位妖艳妩媚、充满挑逗意味的性感女郎，那么孕激素则更像是一条复古的老妈牛仔裤，散发着母性的光辉。这种荷尔蒙有助于协调人体内所有与“筑巢”有关的活动，帮助身体为胚胎着床的可能性做好万全的准备，并帮助关闭子宫颈，以防止在受孕成功后任何试图闯入子宫内的细菌或是精子（们）[2]。当孕激素开始发挥作用时，女人

1　没错，我指的就是性。

2　我实在是忍不住要这么写。

往往会觉得比其他生理阶段都更容易感到饥饿和乏力，也更加放松。它会在潜移默化中引导你的身体做好准备，以迎接在不久的将来，肚子里将会有另一个小生命开始慢慢生长的可能性。

现在，正如你可能对一个为性而生的大脑所期待的那样，性荷尔蒙的受体几乎存在于整个大脑所有的主要结构之中。花一分钟来思考一下这将意味着什么，因为这实际上是有着很深远的影响的。当人体内的细胞与荷尔蒙受体相结合时，这就意味着它们被设定好要根据荷尔蒙的存在与否而做出不同的反应。这也意味着你的大脑——那个掌控你神经系统（它负责所有能让你成为“你”的大小事宜）的超级无敌首席执行官——也已经被设定成会根据人体所释放的性荷尔蒙而进行不同的行为表现。

这真的是一件很值得深思的事情。

此时此刻你的大脑所创造出的这个版本的“你”，与在一组不同性荷尔蒙的存在下所创造出的“你”是截然不同的。举例来说，我们来看一下这段采访中的一段节选：一位男性，因为一种疾病导致他最主要的男性荷尔蒙——睾酮——停止了分泌。四个月来，他都在没有睾酮分泌的状况下生活着，直到医生终于发现了问题的根源。

曾经我所认定的关于我的一切——我的雄心壮志、我所热爱的事物、我的幽默感、我讲话时的抑扬顿挫，甚至是谈吐的品质——都在我没办法分泌出这种荷尔蒙的那段时间里改变了。然而，我性格中有一些令我自己都讨厌的部分也在那时消失了。没有它们真是太好了——嫉妒心，还有一直忍不住想自我审判的欲望——我可以用一种之前从未展现过的谦卑心态来面对周遭的人。

……所以说，没错，睾酮的介入改变了一切。

……当你的体内匮乏睾酮时，你不会有任何欲望。而当你没有欲望的时候，你的大脑就一片空白，你什么都不会想。被剥夺睾酮的人并不会像史巴克[1]那样就此变得异常理性。相反地，他们会觉得一切都毫无意义，因为他们无法区分什么是有趣的，什么是无趣的；什么是值得注意的，又有什么是不值得注意的。

……就如同我们所有人一样，我生长在一个认为灵魂与身体可以分离的文化之中，而长久以来，那就是你一心一意所遵循的信仰，是你独特之所在，无人能及。然而当经历了这样一场体验，我身体里的某种微量的化学物质被移除又被

1 《星际迷航》中的角色。——译者注

重新注入，曾经我认识的关于我自己的一切都变了。它违背了我们心中一直以来所信奉的那个神圣的理念，那个关于你是谁的理念独立于宇宙中的其他任何力量而存在着。这是那么令人感到谦卑，也令人心生畏惧。

在创造这个你所认知的“你”的过程中，荷尔蒙扮演着一定的角色。而说到避孕药，其角色的重要性就更显而易见了。大多数服用避孕药的女性都是为了达到一个非常明确的效果（比如避孕），或是为了能实现其他一些小范围的目标效果（比如改善肤质，或是让你可以明确知道自己会从哪一天开始你的月经）。然而，当你服用荷尔蒙的时候，你想达到的目标效果就是不可能达成的任务——尤其当你服用的是性荷尔蒙时。因此，尽管你会获得你所期望的效果，但这些效果并非有针对性的。避孕药中所含有的荷尔蒙会被人体内所有具有性荷尔蒙受体的细胞所接收，而这意味着它们可以同时影响你身体内数十亿个细胞的活动，从头到脚，在全身上下回响。正如后续章节所述，你的性荷尔蒙会对你产生方方面面的影响：你的思维方式、你的感觉、你如何看待这个世界、你的行为表现、你看起来如何、你闻起来又是如何、你大脑细胞的活跃度、你免疫系统的功能、你食量的多少……还有其他任何你可以想象得到的事。

身为一个女权主义者，你也应该可以接受这个事实，因为……

我知道，正在读这本书的读者中，可能至少也会有那么一小撮人，会认为女性的荷尔蒙——会在整个周期过程中发生变化——“在塑造她们的思想、感觉以及行为表现中扮演着至关重要的角色”这个观点有点儿矫情。我大概能理解她们的想法，如果说这是一场关于“主张女性不配在职场担任要职、不配拥有土地或者投票表决权，因为她们瞬息万变的荷尔蒙让她们反复无常、毫不可靠”的两段式辩论，那么这也许就是这场辩论的前半段吧。

然而事实并非如此。

首先，尽管我们的荷尔蒙有着周期性的变化，但这并不意味着它们反复无常。实际上，它们是可以被准确预测的。你如果告诉我一个女人的年龄以及她最后一次月经的第一天是哪一天，我就可以对她的首要性荷尔蒙在当下的活动状况做出相当准确的预测。你可以通过记录自己整个排卵周期中的想法和感受的变化来亲身体会这种影响的规律性。然后你会发现，正如我所发现的那样，当一种性荷尔蒙占主导地位时，你的感受会有很大的一致性；而当另一种性荷尔蒙占主导地位时，你的感受又会发生怎样的变化。女性的荷尔蒙会呈现周期性的变化，但绝非多变或是反复无常的。

然而有趣的是，对男性的主要性荷尔蒙——睾酮而言，事情可就不是这么一回事儿了。实际上，睾酮反倒是不太靠谱又很反复无常的那个。例如，睾酮的分泌水平会因一个人的年龄、一天中不同的时间段、婚姻状况、生育状况、眼前是否站着一个性感女郎、男人最支持的政治人物是否竞选成功、他最喜欢的球队输了还是赢了，乃至（这绝对不是我瞎编乱造）枪支的存在而发生变化。而相关的因素还远远不止这些。男性的睾酮水平不断在发生着变化。假如让我来推测一个男性的主要性荷尔蒙在某一个特定时刻的分泌状态，我至少得先知道他的年龄、婚姻状况、是否有子女，以及他提供采样的时间点，还有关于他最近所有活动的描述，包括是否有见过什么性感女郎、是否看过什么体育赛事，或者在去测试的途中是否有遇到任何武器的威胁，等等。

男性和女性的荷尔蒙都会发生变化。而当它们发生变化的时候，我们的思维、感觉以及行为表现都会随之而产生变化。这实际上是件好事儿。它让我们变得更聪明、更有智慧，也更善于做出能成功存活并繁衍下去的所有事情。它们让我们的身体作为一个整体可以一起协同努力，以到达我们进化之路上每一个必经的目的地（比如寻找伴侣、生育、照料孩子、与爱的人建立亲密的关系、应对压力等等），并且永远不会掉队。

举一个超酷的例子好了：你们知道当一个男人结婚生子后，他们的睾酮水平会发生怎样的变化吗?

你可能已经意识到了，睾酮的一个标志性特征就是，它是刺激性行为的强大动力，甚至更多时候，它是多种前因的驱动力（比如争夺社会地位以及花在吸引异性上的投资）。举例来说，男性相对较高的睾酮水平使他们比女性更有可能为了给有机会成为性伴侣的异性留下深刻印象，而去做一些诸如从珠穆朗玛峰上倒着滑下来这类的“光辉事迹”；再比如他们的脑子里总是想着“性”，以至于“性”都快成为他们精神世界里的壁纸了。而这一切从进化的角度来看都是再合理不过的事了，因为就像我们所知道的那样，基因是无法自我传递下去的。具有更高“性动力”的男性会更积极努力地去吸引更多的女性，如果成功了，他们就可以比“性动力”较低的男性拥有更多传递基因副本的机会。

但这有一个附加条件。

听着，与大多数男人所相信的不同，睾酮分泌的最大化并不总是他们至高无上的最佳利益。这是因为生命中不是只有“性”，即便是对男人而言也是如此。尽管从进化的角度来看，男性比女性更受益于性投机主义，但他们却也必须面对伴侣关系的绑定以及照顾孩子的责任。极度渴求关怀的高需求宝宝们就是需要如此。男性在促进他们高度依赖的子女（以及他们的母亲）的成功生存以及繁衍问题上发挥了关键的作用。所以，男人们要是一直把脚踩在睾酮的油门上冲冲冲，就会是一个十分不明智的选择。尽管这样对某些事情是有好处的，高睾酮分泌水平以及其导致的一切后果（极易把女性对他的言行看作是性暗示，无法停止对隔壁女生的各种幻想），尽管在某些方面是有益的，但是在与配偶保持长期关系以及育儿的问题上却完全适得其反。

值得庆幸的是，自然选择的法则对此有个权宜之计。

当男性进入一段长期稳定的伴侣关系时，他们的大脑就会命令睾丸降低睾酮的分泌水平；而当他们有了小孩子需要照料的时候，大脑还会命令睾丸持续降低睾酮的分泌。它并不会将睾酮的分泌调低到让男人突然就变得言听计从、毫无主见——这样对有一个家庭需要保护还有很多张嘴需要喂养的主心骨来说，可是行不通的。反之，它只是相对地调整了一下睾酮的分泌水平，将男性想出去寻求新“性”趣的机会降低到可以为家庭活动的付出腾出足够的空间，比如给小孩换一片尿布，或是睡前读上一本《晚安，月亮》（*Goodnight Moon*）。

例如，在一项涉及600多名男性的研究调查中，研究人员对这些男性样本的睾酮分泌水平进行了两次测量。第一次测量是在他们大多单身且没有生孩子的时候做的（记作阶段一）；而经过了四年半的时间，当他们中的大多数都已经安定下来也有了孩子之后，再进行第二次测量（记作阶段二）。

他们发现的第一件事是，在阶段一时睾酮分泌水平较高的男性，在阶段二时已经结婚生子的比例更高。这与“睾酮有助于提升交配的积极性”这个理论倒是不谋而合——努力追求女孩（们）的男人最终会得偿所愿。此外，他们还发现，样本中每一个人的睾酮分泌都会随着年龄的增长而自然地下降。这也不足为奇，毕竟这是众所周知的关于睾酮的另一个特性。这项研究结果有趣的一点是，已为人父的男性睾酮分泌水平的下降幅度，是尚未生子的男性的两倍以上。两倍以上喔！而那些每天都会花费三小时以上的时间来照顾孩子的男性——比如喂食、洗澡，还有花费无数的时间帮他们读苏斯博士[1]的全套系列——他们睾酮分泌水平的下降幅度则最为显著。

男性的大脑也是为照顾孩子而生的。不断调整变化的睾酮分泌水平有助于帮助他们从交配模式转换到育儿模式。当到了需要从一个多情种子转变为一个父亲的角色时，男性的大脑就会发出命令，要求降低睾酮的分泌水平，以此告诉他们的身体，现在要开始启动并执行父亲模式了。

因此，男性与女性的荷尔蒙都会发生变化，而我们也都会从中受益。这些变化是我们从成功的先辈那里继承而来的生物学智慧中的一部分。所以关于“女性的荷尔蒙会发生变化并且导致她们变得不理性，而男性则不会”的这种说法是个彻彻底底的谬论，被科学验证过的谬论。这种论述不过是那些有性别歧视的蠢货不希望女性与他们争夺那些长期由男性所垄断着的资源和职位，并利用自己身份之便拿来包装的借口罢了。

而作为女性，我们需要跨越这些虚假的双重标准：告诉我们女性情绪多变而男性则是多么的沉着稳定，然后就可以

1 苏斯博士（Theodor Seuss Geisel，1904—1991），美国著名儿童作家、漫画家。——译者注

肆无忌惮地对我们的荷尔蒙妄加评论。尽管将我们的生物学对我们个体的影响最小化对每个人来说都不是什么好事儿，但这对女性而言尤为不利。[1]如今的社会文化对我们的荷尔蒙毫不在意，哪怕是身体上最微不足道的烦恼，比如，皮肤爆痘或是排卵周期不规律，避孕药都可以随随便便被拿来当作一线的防御措施——而这其实从根本上改变了她们的荷尔蒙状况。这里我并不是在表达长痘痘或是月经失调的这类状况有多不重要，也不是要劝你这些状况不能服用避孕药（我永远都不可能声称我比你自己更了解什么对你才是最好的）。恰恰相反，之所以要和你说这些，是因为你有权在睁大双眼看清楚事实的真相后，再为你的健康做出正确的决定。作为女性，长久以来，我们在有关避孕药的这个话题上都存在着一个巨大的盲点。你的性荷尔蒙会影响你成为哪一个版本的自己，这也就意味着你需要清楚地知道，在服用避孕药的当

1 例如，我不禁想到，如果人们真的理解并接受“他们的身体（而大脑和荷尔蒙就是身体的一部分）成就了他们是谁”这个想法，大家应该会更好地照顾自己的身体吧——会选择更健康的食物，保证足够的睡眠，正向面对自己所处的压力，好好做运动锻炼身体，等等——这些都对我们的大脑有着极大的好处。这些行为可以改变大脑原本的运作方式，让你成为那个最好的自己，它绝不仅仅是对你脖子以下的身体才有帮助，你的大脑也会受益其中。

下你是什么样子，而停止服药后你又是什么样子。了解到这些信息可以帮助你选择成为你想成为的那个版本的自己，并且理解你现在是哪个版本的你。

现在我们就来探讨一下这些想法。

第3章　生育期的你

关于“女性的荷尔蒙对她们成为怎样的自己有着重大影响”的这个观点，可以通过观察在一个完整的周期内女性行为方式的变化来得以印证。这些变化远比“女性在月经之前会变得喜怒无常”这个数百年来每每谈及有关女性荷尔蒙的话题都占据着主流地位的说法有趣太多了。这种粗制滥造的描述实在太过讽刺，它掩盖了关于一个令人不可思议为促进受孕与着床而精心设计的系统的真相，实在是不敢恭维。正如你将会了解到的，这些荷尔蒙的变化不仅仅影响女性自身的想法、感受和行为表现，它甚至会对他人的想法、感受和行为表现产生影响。如果你觉得这样还不够酷的话，那我实在不知道什么才算是酷了。

你的排卵周期（不是月经周期）

如果这是你第一次听到这样的描述方式，容我先来解释一下：每个月我们都会释放出一颗成熟的、可以受精并有机会发育成一个小小人的卵子，这个过程就称之为“排卵”。因此尽管大多数人都把女性这种每月一次的周期称为月经周期，但我认为这样的描述会让我们弄错重点。排卵才是这场秀的主角，而不是你的经期。所以从现在开始，我们要将女性每月一次的周期称为排卵周期（不管怎么说这都是专门研究这一领域的研究人员所使用的专业术语），而我想你应该也会认同，这会是你所遇到过的最精细的神经内分泌学。

从广义上来讲，女性的周期可以分为两个阶段，每一个阶段都致力于完成生殖所需的两项任务之一。这两项任务分别是受孕（由雌激素负责协调，在整个周期的前半段占主导地位）以及着床（由孕激素负责协调，在整个周期的后半段占主导地位）。[1]

1 当然了，这里只是一种简化的说法。如果你对正儿八经的细节感兴趣的话，强烈建议你参阅相关论文。

你排卵周期中的受孕阶段（我们称之为滤泡期）从你来月经的第一天开始算起，一直持续到排卵期（通常大概会发生在第10～14天），卵巢会释放出一颗卵子[1]。雌激素的分泌在这个阶段会持续增加，并在排卵前伴随着一颗成熟卵子的释放（参见下图）而达到峰值。

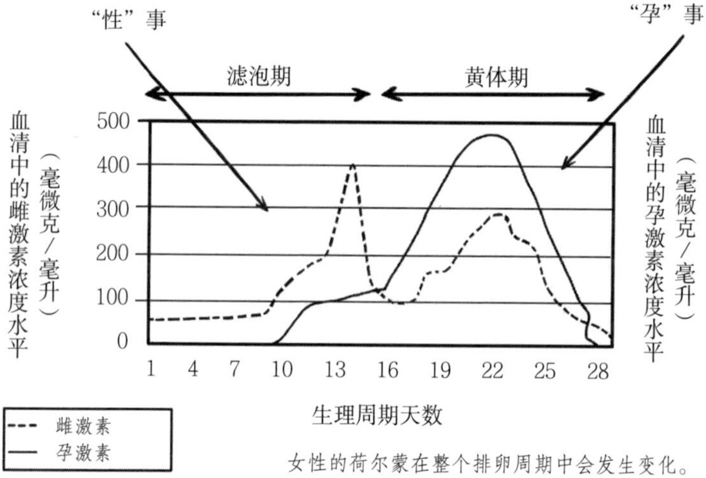

女性的荷尔蒙在整个排卵周期中会发生变化。

1 有趣的是，虽然每个月都有好几颗卵泡发育卵子，但只有发育最佳的卵泡才能孕育出一颗完全成熟的卵子。而其他发育不足的卵泡则会逐渐萎缩并坏死，以确保身体在每一个周期中都可以将品质最好的那一颗卵子推送出去。这就好比是受孕之前先在女性的体内进行了一场小型的自然选择的筛选过程。在此期间，雌激素水平持续上升，为卵子的释放做好准备，并帮助建立适合受孕的子宫内膜环境。此外，它还改变了宫颈黏液的质地，使其成为一个更适合任何一颗发现自己碰巧出现于此的精子所生存的宜居环境。

周期中的着床阶段（我们称之为黄体期）始于排卵之后，卵泡破裂后所剩余的卵泡细胞迅速增殖，形成一个隶属于内分泌系统的临时性细胞团结构，被称作“黄体”。它的工作是为了分泌孕激素，孕激素的分泌量在排卵周期的后半个阶段稳步上升，通常在第20～22天前后达到峰值。

现在你应该可以清楚地了解，基于每一个荷尔蒙所负责协调的活动不同，女性的排卵周期，从很多方面来看，都是对“荷尔蒙的变化水平会导致我们的思维、感觉以及行为表现的改变”的一种完美诠释。由于雌激素负责协调与受孕相关的活动，我们应该发现，在它处于周期中主导地位的时间里，女性会变成有利于这项活动的那个版本的自己。而孕激素则负责协调与着床以及怀孕相关的活动，那么我们就应该会发现，在它处于主导地位的时间里，女性又变成了有利于这两项活动的另一个不同版本的自己。

本章接下来的部分，将会着重讨论当雌激素在周期中占主导地位时女性的心理及行为表现。特别要关注的是，当受孕的可能性增加时，雌激素分泌水平的上升是如何对女性的思维、感觉以及行为表现造成影响的。这项研究很好地说明了在一段时间内的某个特定阶段，我们的荷尔蒙是如何影响我们成为哪个版本的自己的。此外，它还为服用避孕药的女性提供了一条没有走过的荷尔蒙之路的概况以供参考。正如我们将会在本书的第4章中进行深入探讨的那样，避孕药之所以可以使女性保持在不怀孕的状态，其中的一个关键就是它阻止了触发排卵的荷尔蒙级联效应。然而，除了能抑制卵子的成熟以及释放（这是人们预期得到的避孕药的目标效应）之外，避孕药也阻止了女性的身体和大脑在卵子准备释放的阶段中去做所有其他本该要做的事情。对部分女性而言，这或许是件好事儿。但对其他女性而言，也许就不是这么一回事儿了。但是，如果连不服用避孕药的时候你是谁都不清楚，又怎么可能真正了解避孕药究竟会对你造成什么样的影响呢？

所以，就让我们先来看一看这个版本的你可能会是什么样子的。

生育期的性事

如果你也是数百万美国女性中的一员，曾经不得不忍受中学时期那令人尴尬至极的健康生理课，那么你很有可能已经听说过，从头到脚，雌激素在促进生殖方面所发挥的所有作用了吧？这里脑下垂体荷尔蒙的一点点刺激，就会导致那里子宫内膜厚度的增加。然而，在这一整块的拼图中还有很大的一块，是你也许从未听说过的，那就是繁殖的过程与一颗卵子的释放同样重要。

而那就是性，我亲爱的朋友们。

尽管现如今的女性可以在没有男性伴侣的情况下怀孕，但以前可并非如此。长久以来，在我们大部分的人类进化史中，繁殖完成的方式几乎都是那个老套路：男孩遇到了女孩，男孩和女孩坠入了爱河，然后在一场翻云覆雨过后，男孩的雄性配子有了得以与卵子相遇的机会，从此他们诞下了一个又一个爱情的结晶……鉴于雌激素负责整个周期中的受孕这个阶段，因此，除了发现它能促进子宫内膜的发育之外，我们也应该发现它会通过影响女性的心理以及行为方式来帮助促进受孕。

而它的确如此。

首先，让我们先从周期中的不同阶段对女性的性欲所产生的影响开始谈起。由于繁殖要求精子必须尽可能地接近卵子，这就意味着女性必须得从事一些与“性”有关的活动。说得更具体一点儿，女性需要在周期中的某一个时间点进行一些“性”事——此时卵子刚好被释放出来，而精子恰好也在——一场完美的邂逅就这样发生了。而尽管卵子是个很没有耐性的角色（它宁愿自我瓦解也不愿意等上超过24小时还没被受精），精子却可以为了追寻卵子的存在而在女性的生殖道中存活大约5天的时间。这就意味着如果要完成受孕，女性需要在排卵后的24小时之内或排卵前最多5天以内进行性行为。鉴于雌激素负责协调身体的助孕行为，我们应该可以发现，与周期中不可能受孕的那个阶段相比，在接近排卵前后的这个阶段，雌激素的激增会导致女性的性欲更加旺盛。

事实的确如此。现在已有多项研究表明，在排卵期阶段（排卵前5天左右以及排卵当天），女性的性欲会增加——这种变化是因为在此期间雌激素水平的升高所导致的。举个例子来说，在一项研究中，研究人员发现，雌激素水平的变化（根据对受试女性在两个排卵周期的时间里每日所采集到的唾液样本进行测量而得出的数据）与女性在整个周期中的性欲变化呈正相关，而女性的孕激素水平的变化则与之呈负相关。这些荷尔蒙在性欲上的调节模式也同样存在于女同性恋的群体中，甚至在非人类的灵长类动物族群中也能找到同样的规律（我敢说你从来都没想过自己会与一只恒河猴有什么共同之处）。

然而从进化的角度来看，这些性欲的变化只有在真正有助于性行为的发生时才真的有意义。就好像你搭上了一架飞机，但是飞机都没有起飞，那么就算你坐上了飞机，也还是没有办法到达太平洋上的波拉波拉岛。因此，我们也应该可以发现，排卵期的这个阶段与实际的性行为的增加亦有着密不可分的关联。

没错，的确如此。

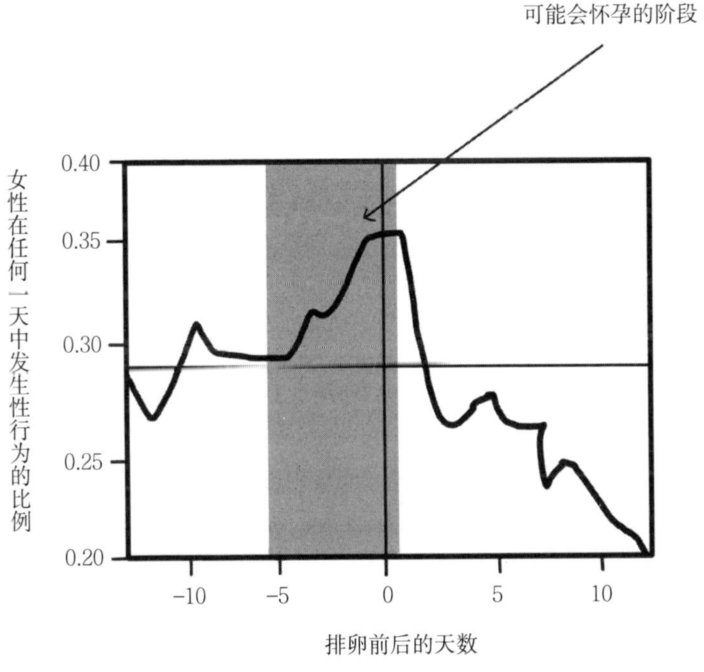

女性的性欲在可能怀孕的排卵期阶段最为旺盛。

例如，在一项针对68名拥有伴侣的女性所做的研究中，研究人员采集了受试者们多个排卵周期内的每日尿液样本，以求能精准地确定她们的排卵时间，同时，这些女性也需要每天记录她们的性行为。这项研究的结果发现，在排卵周期中的受孕窗口期（也就是我们所说的“危险期”）前后，女性发生性行为的次数出现了惊人的增长；而随后在周期中的后半段，即孕激素分泌水平较高时，随着周期性生育能力的下降，女性的性行为次数也随之持续下降（参见上页图）。许多其他研究报告也发现了类似的结论，它们都认为这些影响来自女性在可能受孕的时期性动机的转变。[1]这一点从进化的角度来看是很有道理的。除了通过促进情感上的亲密度来增进伴侣间的关系（这是“性”为我们带来的另一件很酷的

---

1 请注意——而且我也会时不时地提醒你，因为我们很容易就将其抛诸脑后——这并不意味着女性从心理上就一定也希望在这个时候怀孕。事实上，如果你也像我一样，曾经有过很多次在危险期发生性行为，心里都在拼命祈祷可千万不要怀孕。然而不幸的是，进化的过程才不关心我们是否想要怀孕的这些愿望呢。反之，选择常常会偏袒那些有助于成功繁殖的心理、生理以及行为特征，不论我们是否真的想要如此。但是请千万不要责备达尔文，要怪就怪你的祖母吧。毕竟这些特质都是从我们的女性先辈那里继承而来的，她们一代又一代地繁衍至今未曾间断，才足以把这些特质赋予到我们的身上。

体验）之外[1]，“性”也是可以让基因从一代传递到下一代的上等之选。因此，我们的荷尔蒙在有可能受孕的时期会促进性行为，这种做法相当符合传统的进化意义。

但是，让我们退一步来说。你想啊，“性”其实是好的，“性”是正常的。然而我们都知道，从基因传递的角度讲，与伴侣一起完成的“性”事，通常都比独自一人进行要好得多。并不是说那样有什么问题（你肯定也懂的，在排卵期前后，如饥似渴性欲高涨的那几天，女性也会做那种事儿啊），但从进化的角度来看，如果这是你唯一拥有的性行为，那它绝对是“死路一条”。为避免走进这条进化之路上的“死胡同”，世世代代的女性都必须要与一个有血有肉有呼吸的男人发生性行为，才能确保繁衍大计的可持续发展。因此，研究人员得到了一个推论：发生在排卵期前后的荷尔蒙变化（雌激素分泌水平高于孕激素分泌水平）应该也会促使女人展开她们吸引异性的游戏。

---

1 有一项研究项目尤其酷，科研人员通过追踪214对新婚夫妻，去观察性余晖效应（这确有其事——这是一种你在性生活过后所产生的一种温暖但又夹杂着些许迷惘的朦胧感）在促进情感亲密度中所扮演的角色。结果发现，性余晖——也就是性爱过后依然挥之不去甚至持续增加的性满足感——的强度，可以预测这些夫妻的婚姻满意度。

与此观点如出一辙的是，研究发现，在整个排卵周期中，相较于受孕率较低的时期，女人在受孕率高的时期，会感觉自己变得比以往更加性感，更乐于接受新的体验，也会更注重自己的穿着打扮。她们还会在这个时期化更浓的妆、穿更性感的衣服、买更性感的衣服，甚至把更多红色的元素加在自己的身上——众所周知，红色会让女人看起来特别有魅力，男人对此毫无招架之力。这项研究显示，雌激素在激发女性提升自身的外表形象上发挥着至关重要的作用，而这种被激发的动力随着雌激素在周期中的分泌水平达到最高而达到顶峰。雌激素——由于它负责协调促进受孕的身体活动——会让女人觉得自己更加性感，也更有兴趣去做一些可以最大程度吸引男人注意力的尝试。同时它也增加了她们的“性”趣，使得她们更愿意真的付诸行动。

但可不是随便和谁在一起都可以的。

鉴于女性在生殖上所需要付出的巨大的投入与代价（还记得我们在第1章中所谈到的整整9个月的孕期还要加上承担分娩时的死亡风险吗），我们应该不会傻到随便遇上一个碰巧有Y染色体的人就不假思索地与他上床。恰恰相反，女性应该对自己所要寻找的伴侣品质严格把关才行。特别是，我们还应该发现，雌激素会使得女性更加关注男性身上那些有利于创造更高生育品质的特质。

性感存在于旁观者的荷尔蒙之中

这个论点可以从很多不同的层面来进行讨论，所以我想先带你了解一下它的理论背景。最先值得注意的是，从进化的角度来看，女人可以从她们对恋爱以及性伴侣的选择中得到两种类型的好处。首先，有一些好处会影响一个女人自身的生存以及生殖能力（也就是她的进化适存度），这些被称为直接利益，包含例如爱、关心、情感、外出就餐、存入联名支票账户的存款，以及对现有或未来的子女提供亲自照料的意愿等方面。由于这种类型的最佳利益要随着时间的推移才会逐渐显现出来（假如你与一个渔夫发生了一夜情，那么你可能会吃一天的鱼；但如果你嫁给了一个渔夫，那你就可能要吃一辈子的鱼），因此这些品质在一段长期稳定的伴侣关系中往往也是最有利的。

然而这些好处并不是这里面唯一的优势。

女性也可以通过选择那些有潜力为她们的生存提供间接利益的伴侣来提升她的进化适存度。只要选择与一个具有促进后代健康及存活的基因类型的男人进行交配，她就可以给予她的孩子更优秀的遗传基因。

而且——就是这么巧——最有可能给我们带来这些好处的男人，恰恰就是最受我们吸引的那些男人。没错，如果在健身房看到一位身材高大威猛、长相英俊潇洒的帅哥，你八成会目不转睛地盯着他看，而这从某种程度上讲真的有助于进化，因为这是一种帮助你为后代争取优良基因的手段。

而你还以为是自己太过浅薄了，是不是？

我知道这听起来简直美好到令人难以置信，但事实其实并非如此。你想想看，你觉得性感有魅力的男人，并不见得真的性感又撩人。你之所以会觉得他们这样，是因为你的大脑发现他们拥有某些对你而言有益处的特质罢了。面对一个身材高大又匀称的男人，他声音低沉而性感，充满着雄心壮志，走起路来昂首阔步，这时我们的大脑就会立刻绽放出一场绚丽多彩的烟火，让我们心怀憧憬，因为我们会认为这些特质有助于健康以及发育的稳定性，和他在一起会更容易怀孕并生下一个健康的孩子。这就是择偶偏好的进化所需要的一切。你的大脑继承了让你觉得“性感的男人真的很性感”的潜意识，因为你的女性先辈——当初以同样的择偶偏好——将这些基因传递给足够多的一代又一代幸存的孩子，才得以让你成为如今的你。正所谓情人眼里出西施嘛。而当雌激素水平升高时，你的大脑就会对这些特质尤其敏感。

这样我们就又回到生育的问题上了。

考虑到排卵期是受孕可能发生的时期，因此女性在这个阶段会对性感的异性产生更强烈的偏好，是很符合进化的逻辑的。性感的男性意味着优良的基因（那些有利于适存的间接利益），而优良的基因就意味着健康的孩子。如果生下来的孩子是男性，他们还会因此而获得一项附加利益，因为有很大的概率他们长大以后也会像他的父亲那样成为一个性感的男人。而众所周知，这又会使他们在生殖方面处于优势地位，因为他们就是性感嘛！哪个女人不喜欢性感的男人呢？因此，我们完全有理由预测，女性的择偶偏好可能会随着受孕概率的升高而发生转变，此刻的她们眼中只看得到性感，其他的优点这个时候都可以忽略不计。这种偏好的转变将增加在可能受孕的时间里获取优良基因的可能性（会增进其遗传谱系中生存以及生殖概率的基因）。

经过20余年的研究与调查，如今科学家们已经为这一假说找到了论点支持，我们称之为“排卵转移假说”。[1]这一理

1 尽管其他的研究并没有发现这些影响。

论认为，女性在受孕概率高的时期，她们对优良基因的敏感度会有所增加，认为拥有这些优良基因的男性更为性感，也更有吸引力。比如，处于高受孕概率时期的女性会偏爱具有社会支配力且拥有对称面孔的男性气味；此外，她们也会偏爱更为阳刚的男性面孔以及更加深沉又粗犷的男性嗓音。总而言之，与排卵周期中的安全期相比，她们在高受孕概率时会觉得自信且具有社会支配力的男性更有吸引力。在此类调查中尤为严谨的一份研究中，研究人员发现，女性对男性面部的阳刚气质（睾酮的象征）喜好度的高低几乎与周期中雌激素分泌水平的高低同步。雌激素对睾酮情有独钟（参阅下页图）。尽管这些效应通常在女性考虑要和谁发生性关系时（短期性伴侣）的可信度最高，但研究报告也指出，与具有这类特质的男性结婚的女性，在高受孕概率时期的婚姻满意度要高于低受孕概率的时期。

在一项特别巧妙的研究中，研究人员为了观察女性在排卵周期的不同阶段对性感男性的渴求度，分别在两个不同的时间点上对男女双方的互动进行了追踪：一次选在高受孕概率的时候，另一次则选在低受孕概率的时候。在每一个实验环节，女性受试者要与两位男士进行互动：一位是自信且有魅力的坏男孩形象，另一位则是值得信赖且有爱心的好好先

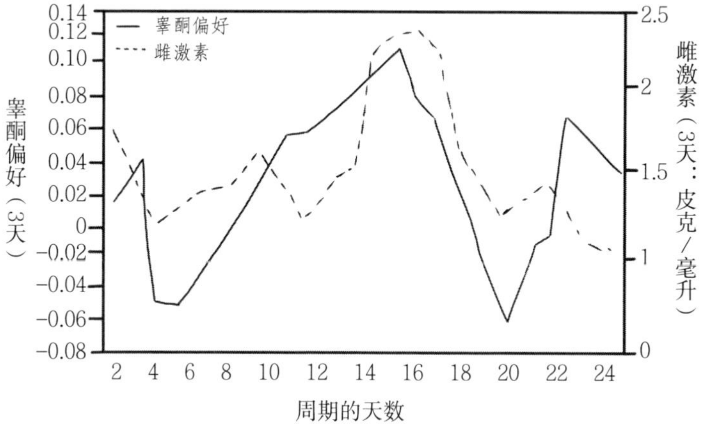

女性雌激素的分泌水平与其所偏好的伴侣睾酮的分泌水平呈现正相关（雌激素对睾酮情有独钟）。

生形象。每一位女性都会通过视频聊天系统逐一与对方进行互动。[1] 每一次互动中，男方都会先自我介绍，让受试女性对他多少有些了解，然后再向对方提问有关她们自己的问题。

1 嗯……至少是这么告诉她们的啦。实际上，她们是在与一个事先录制好的视频中的男人进行互动（这么做是为了确保在整个测试过程中保持对谈内容的一致性），但是这些参与受试的女性并不知情。这段男性互动的视频片段有个小巧思，每一段的时间都有经过精心计算：视频中的男人在提出问题后，屏幕画面会变黑，受试女性需要对着摄像镜头来回答问题。而一旦回答完了问题，男人的视频画面就会再次出现，然后进行下一个问题。研究人员会告知受试女性，互动之所以会以这种方式进行，是为了尽量减少回答问题时可能会产生的自我意识感。所以说，心理学有一部分是正儿八经的科学，而另外一部分可能根本就是瞎糊弄。

所有关于女性的回应以及与男性的互动都会被记录下来，以便对调情的行为进行编码。并且在每次实验结束时，研究人员都会让女性反馈对每一位她们认为与之有互动的男性所产生的兴趣。

这项研究的结果发现，与低受孕概率阶段相比，处于高受孕概率时女性在短期性伴侣的选择上往往会对性感的“坏男孩”展现出更多的兴趣。这一时期的她们往往会变得更加撩人，也更愿意与“坏男孩”们调情。然而，受孕概率的高低并没有对女性在长期恋爱伴侣的选择上造成什么影响。即便是处在高受孕概率阶段，女性对这种类型的男人也没有太多的好感；而无论在哪种类型的关系中，好好先生的魅力都不会随着受孕概率的高低而有所变化。抓到重点了吗？女性在高受孕概率时对性感男人的“性趣”比处于低受孕概率时要高。这非常符合进化的需求，因为这样可以让女性在性爱可能导致受孕成功的时候获得高品质的基因，从而为她的后代提供可以获取高品质基因的机会。

但事实真的如此吗？

“女性应该在周期中受孕概率最高的时候寻找魅力十足的‘坏男孩’发展短期性行为”的这种观点，乍听之下或许与我们在第1章中所讨论的所有内容都大相径庭，但你可能还记得，我们也讲过，女性往往比男性更排斥性投机主义的其中一个原因是，在漫长的进化历史中，单亲母亲带大的孩子境遇都不太理想。因此，女性会关注一个男人户头里有多少钱，还有他与他的侄子侄女互动是否良好，因为比起不在乎这些方面的女性先辈，看重这些方面的女性先辈才能拥有更多幸存下来的后代。

但这并不一定就与上述的研究完全相悖。这两种类型的偏好都是女性择偶心理的一个组成部分。女性什么都想要。她们既想要和具有超多优良基因特质的男人在一起，又希望对方可以拥有足够的经济保障，还得愿意照顾小孩，如果再能帮忙清洗干净早餐的餐盘的话，那就再完美不过了。

然而遗憾的是，我们中大多数人应该都深有体会，想要找到一个集万千优点于一身的男人简直是难于上青天。各种生灵间似乎都有着一种让女人深恶痛绝的共同点：性感的雄性往往都会回避承诺。举例而言，以鸣鸟为观察对象的实验发现，当你将雄鸟的样貌改造得极其性感，以至于雌鸟无法抗拒的时候（就把它想象成是一部《改头换面》[1]：鸣鸟版），雄性鸣鸟会通过减少其对现有配偶以及一窝嗷嗷待哺

1　美国一档真人秀节目。——译者注

的雏鸟的投入，来回应雌鸟对它关注度的提升。而当采取相反的措施时——雄鸟们被改造成不受雌鸟们待见的样子——它们就会对幼鸟们关爱有加，并格外地呵护自己的雌鸟伴侣，以此来弥补它们魅力上的缺陷。尽管我们无法在人类男性的身上进行类似的实验操作，但研究报告还是可以找出一些规律性的结论：阳刚的、身形对称的、社会支配力强的男性，通常也都有着相似的行为表现。性感的男人往往都对小孩子以及亲子关系没什么兴趣，即便是在婚后，他们也依然对婚外情的各种可能性充满着兴趣。因此，他们的婚姻稳定性也大大不如那些看起来没那么阳刚、身形没那么对称或是社会支配力相对较低的男性。

那么，要是一个女孩还是什么都想要，该怎么办才好呢？

这里要讲的事情，可能听起来就有那么一点点的……不光彩了。

在配偶的选择上，人们通常都得学会做出一些取舍。研究发现，女性所做出的取舍，在很大程度上取决于她们是在选择一个男朋友/丈夫（长期伴侣关系）还是一个随意的性伴侣/性对象（短期伴侣关系）而已。当她们选择的是一个长期的约会或结婚对象时，女性通常会优先考虑对方以下几个方面的特质：是否能够扮演好一个好父亲的角色，是否可以提供足够的财力养家，或是否可以作为一个好的合作伙伴（这些都是直接适应利益）。来自父亲方面的亲代投资会提升孩子的存活概率，同时也对他们的身心健康乃至成年后的收入潜力起到推波助澜的作用。这就是为什么女性在选择像男朋友或是丈夫这类长期关系的角色时，总是会优先考虑如善良、忠诚、会赚钱、有抱负，以及具备成为好父亲的潜力等方面的特质。既然优先考虑这些类型的特质，通常都意味着女性不得不在某些方面做出一定的妥协——比如她们也渴望可以同时得到一张帅气的脸庞或是阳刚的好身材——但作为长期伴侣，选择一个有意愿并且有能力投入的男性，从古至今都是女人保全她们的孩子可以成功存活下去的不二法则。

然而当面临短期性伴侣的选择时，女性就可以做出截然不同的利弊权衡了。因为从本质上而言，短期性关系并不涉及大量投入的问题，女人们自然就不必把全部的筹码都压在一个文武双全的好好先生身上——又要会赚钱，又要爱孩子……没了这些顾虑，她们大可敞开双臂去寻找一个更帅气性感的男人，而无须为了要找到一个愿意陪在自己身边并照顾孩子的对象，不得不牺牲掉她们同样在意的性感外表。这意味着当女性选择短期性伴侣时，她们可以优先考虑像是阳刚、社会支配力、对称性以及其他一些能表明这个男人拥有促进自己的孩子成功存活的优良基因（间接适应利益）等特质。

好消息是——即便是我们每一个人都不得不在选择伴侣时面临权衡利弊的问题——身为一个女人，我们仍然可以为自己的后代找到一种两全其美的选择……只是可能需要从不同的男人身上获取这些特质罢了。这就意味着，我们可以从一个男人那里获得他的投资（通常他都是扮演主要伴侣的角色：充满爱心、会照顾人且值得信赖），同时再从另一个男人那里获取他身上的性感基因（这种情况下主要伴侣通常都会被蒙在鼓里）。而如果一个女人想在神不知鬼不觉的状况下去为她的后代追寻优良的基因，还有比在排卵期前做这件事儿更好的时机吗？

听到这里，我知道你们中的一些人肯定会觉得这个想法简直太骇人听闻了，对不对？完全可以理解。然而值得一提的是，每每谈及雌性从配偶那里获得直接（资源上的投入）和间接（基因上的投入）适应利益时，这种条件性策略的进化模式绝对是不可避免的选项之一。对那些只能从交配中获得间接适应利益的雌性物种而言——顺便提一下，绝大多数有性繁殖的生物物种都是这种情况——这并不算是什么大不了的事儿，因为它们不必担心投入的问题，它们根本就不需要。这些雌性在选择配偶时的唯一条件，就是对方的基因是否足够优秀。但是对有机会可以同时从伴侣那里获得直接和间接利益的雌性物种而言，她们中总有那么几个难免会玩弄这样的把戏：先找到一个好父亲形象的男人作为正式的伴侣以获取其丰富的资源，然后再偷偷跑去找身材火辣的其他男人，以此为自己的孩子获取更优秀的基因。

没错，就是出轨。

比起从同一位伴侣那里获取直接和间接的利益，这种双重择偶策略通常都会让女性达成一笔更好的交易（尽管你肯定会告诉我你是这个规则下的例外）。但是这也并不意味着对大多数女性而言这就是最好的策略。这会是件相当棘手的麻烦事儿，甚至可以说通常这都是个糟糕透顶的烂主意，因为一旦被抓包，随之而来的，是你将会面临被遗弃、暴力对待，甚至是死亡等重大的风险。反言之，它只是单纯在说女性的择偶心理在其设计之初就已经内置了这样一套策略型的应对能力而已。我们的大脑里自带这项能力的工具包，仅限于以备不时之需。而且即便是最最忠诚的人妻也难免会在高受孕概率期间流露出希望促进这种择偶策略成功执行的心理变化，如果她们真这么想“做”的话。

这就把我们带到排卵转变假说的阴暗面了。所以关于女性受孕概率高低对其性感度偏好的影响，我还没有告诉你的是，这种偏好的转变通常在已婚或有固定男友的女性身上表现得最为明显。处于稳定关系中的女性——尤其当对方的身上缺乏我们所认定的那些优良基因的特质时——在她们周期中可能怀孕的那个时期，往往都会对其他性感的男性表现出强烈的偏好。而经过了近20年的研究调查，这一模式如今已经得到了科学界普遍的认可与支持。

例如，在曾经的一项研究中，科研人员请参与受试的女性阅读从《国家地理》和《国家野生动物》杂志中节选出来的9个段落，这些段落都是关于地理、环境保护或是各种不同的野外生存游戏的内容，完全没有什么刺激性的东西。参与者被要求戴上耳机，同步复述耳机里所播放的内容。然后，研究人员会对她们录音的准确度进行编码，按照复述错误、有单词遗漏或是含糊不清等几个分类记录下来。

但这里面有个小把戏。

她们一只耳朵里听到的是那些需要复述的段落，而另一只耳朵里听到的却是干扰讯息。有一半的时间，这些干扰讯息播放的都是带有调情意味的内容（我在校园里看到你了，你看上去真漂亮）；而另一半的时间，则是不带调情色彩的干扰讯息（我本来希望你可以来我的课堂上帮我辅导的）。

研究人员同时也观察了这些女性当下所处的排卵周期中的阶段：她们的雌激素水平高吗？有受孕的可能吗？还是她们正处于安全期没有怀孕的可能且雌激素水平相对较低？

结果与我们前面所谈及的“女性的择偶心理与可能促进双重择偶策略（如果一个女人非常渴望的话）的特质相呼应”的观点如出一辙：在有固定伴侣的女性中，她们在高受孕概率时比低受孕概率时更专注于那些调情的讯息干扰。而另一方面，在单身女性的身上，却并没有显现出这样的影响。另外一份类似的研究报告也显示，有固定伴侣的女性——尤其是当另一半的吸引力较低、身形没那么对称、基因兼容性也较差的状况之下——在周期中受孕概率高的那段时期，她们会经历更多的性幻想，也更容易感受到来自其他异性的吸引力。而相比之下，受孕概率低的时期则不会如此。总而言之，这份研究报告显示，有固定伴侣的女性在处于高受孕概率的阶段时可能会表现出心理上的转变，这有利于她们在有可能受孕成功的时间里促进双重择偶策略的达成。尽管这并非大多数女性的选择，但研究表明，女性的择偶心理天生就被赋予了这样一种思维方式，因为这样的选择能为她的孩子争取到比从原本的主要伴侣身上可以得到的更高品质的基因。

考虑到以上这些影响，我们大概就不难理解为什么那些拥有帅气性感的男朋友或者丈夫的女人往往都会对处于排卵期的其他女人保持警惕了。研究发现，女性通常都不太愿意让自己的伴侣与其他排卵期的女性有过多的互动，并且普遍认为排卵期的女性比安全期时更加不值得信任。而这所有的认知都是在她们对竞争对手的生理状况毫不知情的状况下产生的。那位女性可能只是看到了一个受孕概率高的女人，而这个女人身上的某些东西让那位女性对这个女人与其伴侣之间的互动深感不适。也许她也察觉到了她的伴侣所察觉到的某些蛛丝马迹……这就不得不提到另外一件你可能还不知道的关于雌激素的趣闻了：与低受孕概率时期相比，在高受孕概率期间，我们的荷尔蒙会让我们看起来、听起来，甚至闻起来都更加的性感。

隐性排卵：是真相，还是虚幻小说？

长久以来，人们都认为离开怀孕这个话题，女性在其周期中受孕概率的变化并没有多么重要。这是因为大多数女性——并没有人明确地教授过她们有关周期性波动的相关知识——甚至不知道这种变化的存在。与雌性狒狒巨大的生殖器肿胀或是猫狗等动物的发情方式不同，作为人类，女性通常不会通过某种外表上的显著变化来“宣扬”自己此时的受孕概率有多高。虽然许多与我们属于同种类型的哺乳动物只会在有可能怀孕的时期内进行性行为，但人类女性却可以在整个周期内随时进行。基于这些原因——再加上很多女性都很难启齿去告诉你她们现在正处在周期中的哪个阶段——人们长久以来都认为女性的受孕概率是完全隐匿的。

过去这二十几年的研究显示，这个观点——就像是当初人们认为太阳是绕着地球转的一样——你乍听之下或许觉得很合理，其实不然。人类女性或许不会用雌性狒狒的那种方式去“宣扬”自己的排卵期，但男性和女性似乎还是能察觉到一些微妙的暗示，使得他们可以感知到女性在不同受孕概率的阶段时所产生的变化。

要说专注于这一现象最为人所知的调查研究，那绝对不能不提到杰弗里·米勒[1]——一位从来不怕以科学之名引发各种争论的心理学家。米勒和他的研究团队试图探究男性是否

---

1 杰弗里·富兰克林·米勒（Geoffrey Franklin Miller），美国进化心理学家、作家，以研究人类进化中的性选择而闻名，著有《求偶思维》（*The Mating Mind*）、《超市里的原始人》（*Spent: Sex, Evolution, and Consumer Behavior*）等。——译者注

会更渴求处于高受孕概率时的女性，而且他们想在一个比较自然的环境设定下进行这项研究。为此，研究小组把实验室搬到了全世界最不像是搞科学研究的场所：脱衣舞俱乐部。如果我只是提到这样一场貌似荒谬的研究就让你想发出一声长叹的话，我想请你先听我把话说完。脱衣舞俱乐部实际上提供了一个非常有趣的机会，让我们可以在一个不受干扰的环境中，用一种可被量化的方式去窥探处于不同受孕概率时女性是否会影响她们在男性眼中的性感程度。这是因为男性——在没有研究人员提示的状况下——会自然而然地通过给脱衣舞者留下小费的方式去量化出他们对不同舞者的兴趣。男性往往都会给他们喜欢的舞者更高的小费，这样研究人员就可以通过观察舞者们在不同的周期阶段中所获得的小费金额，来测试男性是否会更渴求处于高受孕概率时的女性。无论你用什么样的眼光去看待脱衣舞俱乐部以及这些去那里的男士，但不得不说，这绝对是一种相当巧妙的收集数据的方法。

为了验证他们的假说，研究人员要求这些脱衣舞者（其中一半的人遵循着自己原本的自然排卵周期，而另一半的人则在服用避孕药，以保持周期内的荷尔蒙分泌处于相对稳定的水平，从而防止排卵）在两个月的时间内持续记录她们的小费收入。这些舞者同时还报告了她们月经开始和结束的时间，以便研究人员计算她们处在周期中的哪一个阶段。

研究结果发现，舞者们在接近排卵期时，每小时可以赚取大约70美元；而在月经期间，只能赚到大约每小时35美元。在其他时间里，当受孕概率逐渐升高再降低的那些时候，她们大约每小时可以赚到50美元。然而服用避孕药的舞者每小时赚到的小费平均在37美元上下，并没有观察到类似那些处于自然排卵周期的女性那样明显的峰值或谷值（参见下图）。

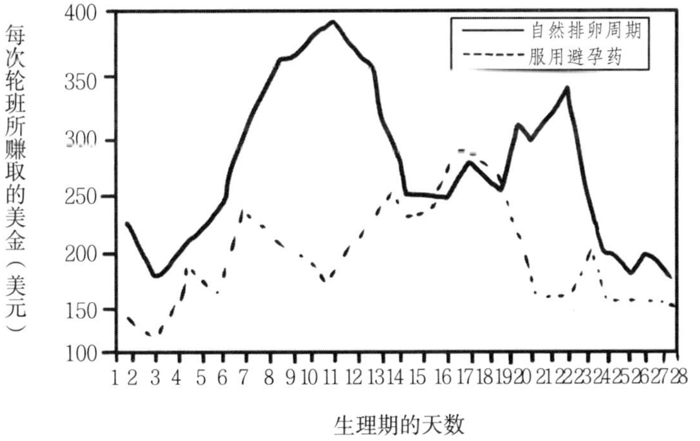

没有服用避孕药的脱衣舞者在雌激素分泌水平最高的周期阶段所赚取的小费最多。

虽然说这项研究并非完美，然而它却是首次进行的——并找到有力证据——可以证明男性更渴求处于高受孕概率时的女性的一项研究。此后，一些其他的相关研究都有陆续展开，其中很多项目的规模都做得比这更大，也更加系统，而这些研究结果都为这一假说的成立提供了证据。举例来说，在其中一项研究中，研究人员向200名男性受试者展示了一些女性跳舞以及行走的剪影视频，并请他们来评估这些处于不同受孕概率时期的女性的肢体动作对他们的吸引力有多少。结果发现，男性普遍认为处于高受孕概率时的女性肢体动作明显比处于低受孕概率时要更有吸引力。

研究人员还发现，无论男女都会认为在受孕危险期的女性所拍摄出来的面部照片要比在安全期所拍摄的更美且更具吸引力。类似的效果也在声音的记录中得到了印证，男性普遍认为女性在高受孕概率时的声音会比低受孕概率时听起来更加性感。其他的研究人员还发现，雌激素分泌水平的高低除了会影响男性对女性魅力的认知外，它同样也会对女性的外表健康度以及女性化程度产生影响。女性被认为在周期中的受孕危险期比安全期看起来更健康也更女性化。还有一些研究人员发现，比起雌激素主导的阶段，孕激素的分泌在周期中占主导地位时，女性的样貌以及声音相较之下都显得较无吸引力。

总体而言，这些研究表明，当处于可能受孕的周期时，女性在男性的眼中通常都显得更有吸引力，也更有想要接近的欲望。这一点真的是太酷了，因为我们大多数人甚至根本不知道原来身体里有这么多奇妙的变化正在发生。然而，我心中认为最酷的一项探究女性的受孕概率如何影响其对男性的吸引力的研究，来自对气味介导线索的研究。研究发现，相较于低受孕概率的阶段，女性处于高受孕概率时，其身上的味道会让男性闻起来更舒适，也更觉得性感。有相当一部分研究结果都可以证实，在高受孕概率时所收集到的女性的天然体味（通常都是通过收集她们穿过的T恤采集而来的）比低受孕概率时所采集到的体味对男性而言更有愉悦感，也更具吸引力。然而，在服用避孕药的女性身上我们并没有观察到这样的规律，因为她们的体内缺乏周期性的雌激素潮。另外一些研究还发现，女性阴道分泌物的气味在高受孕概率期相对而言也不怎么强烈，比低受孕概率期闻起来更让人愉悦。此外，男性在闻过处于排卵期前后的女性所穿过的T恤后，他们的睾酮水平会呈现上升的趋势，然而在闻过处于黄体期女性所穿过的T恤后，睾酮水平则会下降。

在一项特别有趣的调查研究中，研究人员想了解从女性腋窝及外阴[1]所收集到的气味是否会影响男性性荷尔蒙及压力荷尔蒙的释放（正如我们将会在第7章讨论到的那样，当某些重大事件发生时，压力荷尔蒙就会被释放出来，无论是好事还是坏事）。鉴于其他的研究报告已经发现男性在闻过排卵期女性穿着的T恤后睾酮分泌会有所激增，于是这些研究人员就建立了一种新的假设：如果男性闻到从女性某一部位所释放出来的气味（其中包含相当数量的特殊气味生成腺体），他们应该也可以从中找到类似的结果模式。所以……就是外阴啦。外阴拥有与腋窝一样多的气味生成腺体，再加上考虑到它们在身体上所处的特殊地理位置，在这个区域所散发出来的气味应该可以很好地反映出一个女性当下的受孕概率。正如同我们在印度狐蝠（又称大印度果蝠）等物种身上所观察到的那样，在这个特殊的身体交界处传递有关生育的讯号，可以为雄性提供一种额外的激励，以促使对方产生

1　供您参考，这就是女性外部生殖器的官方术语。即使我们大多数人都会把这整个部分叫作阴道——大概是因为外阴这个词听起来太丑陋了——但从实际的构造上来讲，这样的称谓是不正确的。阴道其实指的是男性的阴茎进入以及婴儿生产出来的那个通道。而在阴道外围的部位才是外阴。如果你有强烈的意愿想起草一份请愿书来为这个不可思议的结构正名的话，我愿意成为第一个签署的人。与此同时，现在我们就还是只能用“外阴”这个词来称呼了。外阴万岁！

高质量的射精，而雌性也可以因此从中受益。当你第一次听到这种说法时，或许会觉得这种想法也太过疯狂了，但是在科学界摸爬滚打了这么多年以后，我现在要告诉你的是，真相——尤其是在进化生物学领域的真相——往往都比虚幻小说来得更荒诞也更有趣。

但我好像有点儿扯远了，现在言归正传。为了观察男性的荷尔蒙会如何对女性在不同受孕概率时其腋窝以及外阴处所散发出来的气味做出反应，研究人员让一组女性受试者在排卵期（可能怀孕的阶段）和周期的后半段（不可能怀孕的阶段）分别提供了一次体味样本。

你想问体味是如何采集到的?

研究人员让她们在腋下贴上一片棉垫过夜，并请她们使用一片无香味的卫生护垫长达8小时以上，以获得前面所提到的两种体味。她们需要分别在高受孕概率阶段和低受孕概率阶段各采集一次。然后受试者们会提交她们的样本，研究人员只是将这些样本放入一个雾化器的药物腔室中，再请男性吸入这些含有女性体味的空气。他们吸入的气体要么来自这些女性捐赠者的体味，要么只是来自一片从未使用过的干净棉垫而已。该研究的结果显示，在周期中高受孕概率的阶段所提供的体味样本，会导致男性性荷尔蒙以及压力荷尔蒙水平的增加，其中尤以外阴的气味影响最为强大。除此之外，这些报告还显示，比起闻过处于低受孕概率时的女性体味，他们在闻过高受孕概率阶段的女性体味后，明显对“性”更渴望。同样，其他研究人员也发现，高受孕概率时的女性穿过的T恤，会促使男性不自觉地开始产生性幻想（讲得好像他们需要提示一样）。此外，当男性受试者与一位颇有魅力的女性研究员互动时，若该研究员处于高受孕概率的阶段，那么男性通常都会表现出更多的行为模仿——面对喜欢的人，我们往往都会这样做，并希望对方也会喜欢自己。然而在女性研究员处于低受孕概率时，这种模仿行为则会明显减少。

所以你说排卵这件事是隐匿的吗？答案可能是否定的。研究结果告诉我们，女性在排卵周期中的高受孕概率阶段（以此时雌激素的分泌水平高于孕激素为代表特征）往往最具吸引力，也最容易激起男性的性欲。而与此同时，男性则很有可能已经同步进化出了能敏锐觉察到这些微妙暗示的本能，因为他们那些曾经察觉到这些暗示的男性先辈——发现拥有这些暗示的女性更具吸引力——必定会将这样的能力传递给他们的众多后代，而那些无法察觉这些暗示，或是即便有察觉到但漠然以对的先人则无法将这样的能力传承下去。[1]尽管增加吸引力与生育之间的联结并非我们有意要去觉察到的事，但其实这些微妙线索一直都存在于我们的周围，不论是否有意识到我们所觉察到的暗示。遇到一个心仪的女人自然而然地就会激发男人的性欲，这不正是人类将基因延续下去的根本吗？有没有真的意识到其实都不重要。

在我们的反应太过激动以前……

你处于周期中的哪个阶段会决定你成为哪个版本的自己，然而那个版本的你看上去究竟如何（以及这个版本的你与其他版本的你有多大的不同）却因“女人”而异。研究显示，对大多数女性而言，高受孕概率时（雌激素处于主导地位）那个版本的自己，与受孕激素主导时的自己相比，往往更性感、更妩媚，对周围的性感男士也更敏感。但调研的结果不见得在你身上也一定如此。所以请试着在几个连续的排卵周期中追踪记录自己的感觉，注意观察你的感觉是否基于你的荷尔蒙所帮助创建出的那个版本的自己。对一些女性

1 尽管关于这些暗示是否真的强大到足以在现实世界的择偶过程中确定一个女人的受孕概率，目前科学界尚未有一个明确的结论。

而言，在雌激素占主导地位时的自己——尤其是在排卵期前后，雌激素急剧上升的阶段——她们是有趣又充满活力的。然而对其他女性而言，这个版本的自己却很容易分心。所以，只有你自己才会了解你的荷尔蒙对自己而言意味着什么。而当你逐渐了解到体内不同的荷尔蒙如何让你产生不同的感觉时，如果其中的某些部分是你所不喜欢的，你就可以去改变它们！诸多研究结果都表明，意识到自己不喜欢的行为倾向可以更好地帮助你改变自己的行为方式，而成为你想成为的自己。

但如果这些都行不通呢？

别忘了，避孕药永远都是你坚强的后盾啊。

正如你接下来将会了解到的那样，避孕药会改变你体内的荷尔蒙，从而创造出一个完全不同的你。而这个版本的你，会缺乏所有在高受孕概率时的你本该发生的心理、生理以及行为变化。

第二部分

药物作用下的你

第4章　循环往复的荷尔蒙

为了理解避孕药的作用，我们首先需要来谈一谈它到底是如何工作的。尽管避孕药在你的体内以多种不同的方式发挥着它的魔力，但它所做的最最重要的事情，就是防止排卵。没有卵子，就没有受精；没有受精，就不会受孕，也自然就不会有孩子。是不是很天才呢?

说到这么天才的事，我们还得了解一些技术上的东西才能理解这一点。这个问题的技术性太强，大家听起来也许会觉得有些乏味（毕竟，我也是人嘛……）。不过，还是请跟着我的思路仔细听下去，因为了解了这一切的运作方式，可以大大帮助你理解一些关于避孕药的疑问，比如：“我刚刚吞下去的这些荷尔蒙究竟是要我的身体做什么——或者不要我做什么”，还有“为什么同一款避孕药，我吃了之后会感觉很疯狂，可是我最好的闺蜜却爱到不行呢”，或者“所有这些疯狂的副作用到底是怎么回事”……这些都是我们非常需要了解的重要内容，所以我会尽最大的努力用尽量简单易懂的方式来说给你们听。那如果你们还是觉得晦涩难懂呢？好吧，我也会附上一些图片来帮助你们理解。不管这些图片是否能胜过千言万语，我相信它们或多或少都可以帮助我们更容易理解一些晦涩的部分。

所以就让我们开始吧……

女性的排卵周期是由身体中的一条通信路径来进行协调的，这个通路我们称之为HPG轴（或者也可以叫作：下丘脑-垂体-性腺轴，如果你有卖弄学问的嗜好的话）。如117页的图所示，HPG轴是由大脑[1]、脑下垂体以及你的卵巢所组成的。与大多数状况一样，你的大脑会通过HPG轴来发号施令，然而它大部分的运作方式都是通过脑下垂体来间接发挥作用的。大脑

1 其实具体而言，应该说是大脑的下丘脑，但我们这里不妨就称之为大脑好了，这样更简单，听起来也没那么正式，还可以让我减少需要校正的错别字的数量。

与垂体协同作用以协调卵巢的活动，也就是这个三步通信路径的最终目标。大脑、脑下垂体、卵巢——就像洗发水厂商的惯用术语所说的那样：揉出泡沫、冲水、再重复……循环往复。

好，现在你应该还可以记得，排卵周期的起始日是从你月经来潮的第一天开始计算的。此时，非受孕阶段结束，性荷尔蒙急剧下降，没机会用到的子宫内膜脱落，离开前向你的子宫深情地道一声“再会”，从此天各一方。此外，它也会对你的大脑和垂体发出讯号，告知你的身体确定没有怀孕，是时候展开新一轮的卵子成熟计划并打造一个新的子宫内膜层，以准备重新开始这一整个过程了。

这整个过程的启动方式有点儿类似于我们以前在小学时会玩的“秘密传话”游戏——你需要用耳语的方式将某条信息在一群人中传递下去。你将信息耳语给詹姆士听，他再将这条信息耳语给卡森，卡森再耳语给罗根，依次往下传递至最后一个人。[1]只不过，在这个HPG轴版本的传话游戏中，被传递

---

1 但其实你仔细想一想，让孩子在学校里玩这种游戏真的是愚蠢至极。这根本就是在自找麻烦。每一次（真的是每一次）我们在学校里玩这个游戏，最后都是以哭哭啼啼或者是放学后被留堂反省而告终，因为站在队伍最末端的那个要公布答案的小孩，永远都会把原本的信息变成“朱莉穿了少女胸罩”或者是“凯莉来大姨妈了”，再不然就是“乔恩跟他妹妹乱搞”这类的鬼话。所以这类游戏到底有什么意义呢？

的化学信息注定是会变化的。当大脑需要启动新一轮的排卵周期时，它就会释放出一种叫作促性腺激素释放激素（GnRH）的荷尔蒙，这种荷尔蒙会被脑下垂体所接收。当垂体听到大脑耳语“GnRH”时，它就会通过释放促卵泡生成素（FSH）和黄体生成素（LH），将它的版本的这条信息传递给卵巢——请参阅下一页的图片。然后这两种垂体荷尔蒙负责刺激卵巢生成新的成熟卵泡，进而导致雌激素的释放。在排卵发生后，破裂的卵泡会形成黄体，而黄体又会促使孕激素的释放。

HPG轴通过一系列的反馈回路来调节所有这些活动。为此，HPG轴的每一个主要参与者（大脑、垂体、卵巢）都拥有特殊的受体位点用以监测体内荷尔蒙的分泌水平。通过测量这些荷尔蒙，它们可以清楚地了解目前各自所处的周期阶段，以及接下来它们需要做什么。

例如，当大脑和垂体侦测到体内的孕激素与雌激素水平都很低时，它们就会清楚地知道，身体没有怀孕，是时候开始释放荷尔蒙以促进新的卵子发育了，这样身体才可以一试再试，为怀孕而努力奋斗。当雌激素的分泌水平急剧上升但孕激素水平很低时，就是在告诉大脑和垂体，卵子已经成熟并准备好，可以释放了，而这会导致黄体生成素的激增，进而触发排卵。当雌激素和孕激素的分泌水平都处于相对较高

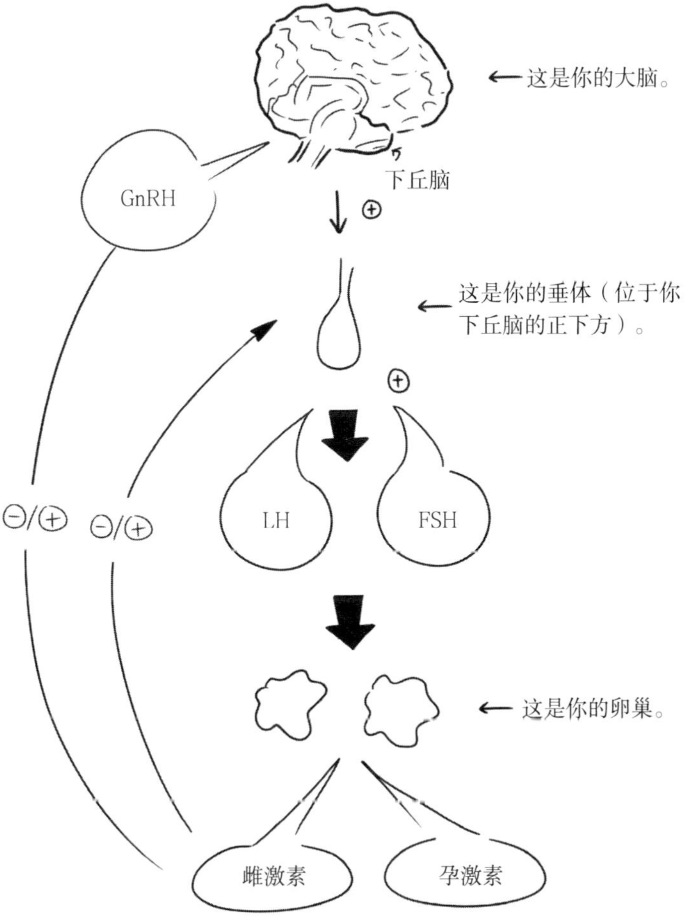

你的HPG轴以及促进排卵的荷尔蒙级联反应。

且稳定的水平时，这是在告诉大脑和垂体要放缓对垂体荷尔蒙的释放，因为身体正在静候佳音，看看前半个周期的所有辛勤努力是否会开花结果，实现胚胎着床的成功。

发生在你排卵周期的第一天的荷尔蒙崩溃后会启动大脑和垂体释放出一系列的荷尔蒙信号，以帮助协调关于卵子释放以及可能受精的各种活动。然而，当卵子一旦被释放出来（大约在周期的第12天），大脑和垂体几乎就可以躺平了——它们可以舒服地窝在沙发里，把脚翘在桌子上刷《单身汉》（*The Bathelor*）了，至此，它们所负责的辛勤工作已经暂时告一段落了。这是因为身体正在等待上一轮卵子的发育是否会产生任何实质性的结果。所以，当荷尔蒙的分泌水平处于低位时，大脑和垂体就不得不开始一系列的忙活，以尽量促成受孕的可能性（促使卵子成熟以及其他）。然而，当荷尔蒙分泌水平处于高位时，大脑和垂体就可以轻轻松松坐等消息，直到下一轮的卵子开始发育。

而后者正是避孕药所效仿的那个周期阶段。

与自然周期的女性所拥有的那种动态变化的荷尔蒙所不同的是，服用避孕药的女性则每天接收到相同的荷尔蒙信息（参见下图）。[1]避孕药能巧妙地发挥它的魔法，让大脑认为

1　这些图表都是对来自Bedsider这个网站上的一些漂亮图表的再创作，对希望了解更多有关自身荷尔蒙的状况以及更多避孕选择的女性而言，这是非常棒的网络资源。

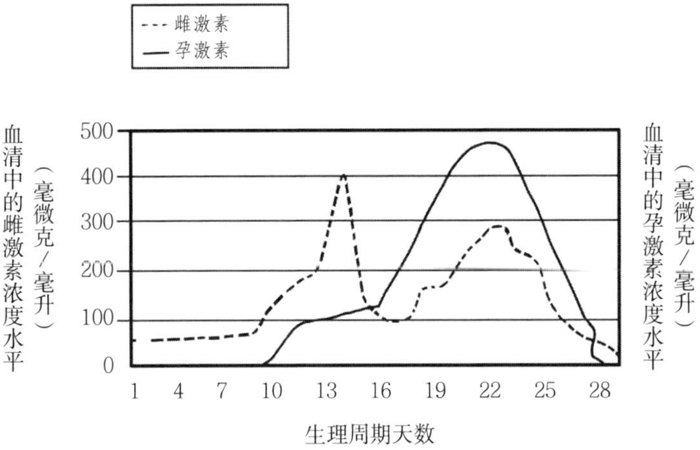

女性在一个自然的排卵周期中的荷尔蒙变化是动态且变化的。

自己永远都处于一个不需要促卵泡生成素和黄体生成素的生理循环阶段。当促卵泡生成素和黄体生成素的释放水平不够充足时，排卵就无法成功。而无法排卵则意味着不会怀孕，不会怀孕就意味着你可以随时发生性行为——就像男人一直以来所做的那样。通过对荷尔蒙水平进行微小的调节，避孕药就可以通过抑制卵子的排放来预防怀孕的发生。荷尔蒙阻止了怀孕——这似曾相识的老把戏，又来了。然后再来一次。每。一。天。都。是。如。此。所以说，无论你是否喜欢避孕药，你都不得不承认，这家伙还真是聪明。

服用复合口服避孕药的女性的荷尔蒙水平

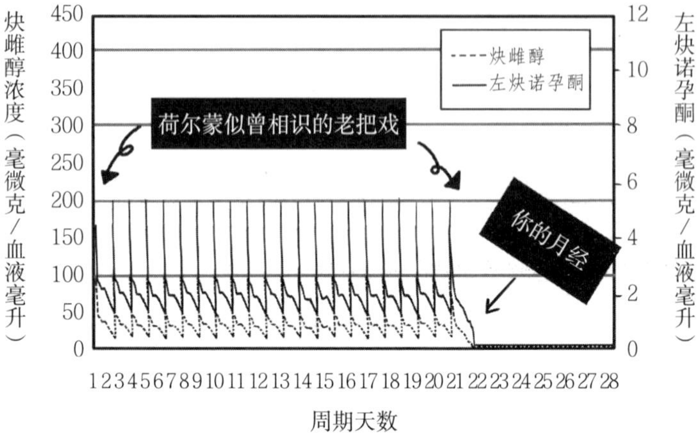

服用避孕药的女性每天的荷尔蒙分泌水平都是相同的（除了在服用安慰剂的那个星期里）。在这里，我们使用的是一款采用了第二代孕激素左炔诺孕酮的知名避孕药品牌来说明其所包含的荷尔蒙每日剂量。

关于荷尔蒙那似曾相识的“老把戏”

大多数避孕药是通过每日一定剂量的合成雌激素及孕激素（一种人工合成的孕激素）来实现荷尔蒙这种似曾相识的老把戏的[1]。荷

---

1 像狄波－普维拉（一种家用避孕针的品牌。——译者注）以及其他一些仅含有孕激素的避孕药这类的东西，仅仅依靠人造的孕激素就可以成功地骗过大脑。它们之所以能如此有效地起作用，是因为在黄体期，孕激素的分泌处于较高水平，而这绝对是抑制怀孕最赚钱的买卖了。不过他们通常都会在药物中再加入一部分雌激素，因为女性朋友普遍认为服用同时含有两种激素的避孕药更让她们感到舒服。

尔蒙的剂量依据可以被大脑“读取”得到的水平进行配给，大致相当于排卵周期中后半段由孕激素占主导时的分泌水平。

现在，你可能会倾向于得出这样的结论：想了解服用避孕药的女性，去了解她们的大脑通常在周期中的后半段在做什么就够了。如果真有这么简单，那我们可以预期服用避孕药的女性，她们的大脑和身体应该会做出一些与孕激素占主导时的黄体期所做的同样类型的事情。

大体上，这个想法听起来可能有一定的道理。

但是其中却包含着一个很大的警示。原因是，目前没有人可以真正知道避孕药向女性的身体和大脑中所传递的，究竟是怎样的荷尔蒙信息。

所以我们可以确定的是，大脑和垂体会对避孕药中的人造荷尔蒙做出反应，从而抑制促卵泡生成素和黄体生成素的释放。此外，我们还了解到，这些荷尔蒙信使会被生殖器官所接收，以保证子宫内膜可以一直维持在一个相对稳定的状态（防止荷尔蒙分泌过低时可能引发的突破性出血）。然而，截至撰写本书时，关于避孕药中的人造荷尔蒙究竟会对人体内其他每一个具有孕激素以及雌激素的荷尔蒙受体细胞造成多大程度的影响——以及这些荷尔蒙是否会对体内的其他系统也造成干扰，误以为人体一直都处于孕激素占主导地位的周期后半段——这些都是我们还不得而知的。我们还需要更深入地去了解这些方面的影响，因为我们有充分的理由相信，避孕药中所包含的荷尔蒙信使——尽管所传递出的“身体正处于黄体期”的这一讯息已经相似到足以抑制排卵的发生——依然无法完全等同于人体自身的荷尔蒙所传递出来的相同信息。而造成这种状况的部分原因，就是这些荷尔蒙来自完全不同的物质。

举例而言，尽管避孕药中所使用的人造雌激素（炔雌醇）是从真正的雌激素中合成而来的，但大部分避孕药中所使用的人造孕激素，却是从睾酮中合成而来的。[1]

没错，就是睾酮。

孕激素分子的结构特性使得它们难以在药物中使用，因此避孕药中所含有的孕激素实际上是由其他的东西制成的。市面上大多数避孕药中，这个“其他的东西”就是睾酮。尽管现在这些睾酮分子已经进行了一定程度的调整，使其看上

1 比如，合成代谢类固醇中的成分，就来自睾酮（T）。但是先别太过激动，要知道雌二醇——这种在你自己体内所合成的荷尔蒙——也是由睾酮通过一种叫作芳香化酶的酵素（也就是酶）所催化合成的。因此，我们大可不必一听到女性的身体里含有什么“睾”开头的东西就惊慌失措。不过，这种将睾酮转化成雌二醇的生物合成过程，却能将这些分子转化为不能与睾酮相结合的分子。而对人工合成的孕激素而言，就无法做到这一点。

去更像是你体内原有的孕激素，以此骗过孕激素的受体（从而防止荷尔蒙的级联反应所导致的卵子释放）。然而，它们仍然无法完全匹配，它们不可能像真正的孕激素那样与孕激素受体完美地结合。真是应了那句老话——积习难改——即使是对荷尔蒙来说，它们也有一个令人讨厌的臭毛病：喜欢与睾酮的受体相结合。这就意味着比起在周期的后半段，避孕药会使得女性比正常的状态变得更“睾酮范儿”一些。当然，这样的改变绝对不足以使你获得在男朋友梦幻的橄榄球联赛中出场的地位，也不至于让你面临从奥运比赛中淘汰出局这类的场面，但是你所吞下去的避孕药，可能真的会让你拥有你未曾预料到的“阳刚之气”。稍后我们会详细探讨。

所以，这些到底都意味着什么呢？这么说吧，避孕药中人工合成的荷尔蒙所传递出的关于荷尔蒙的确切信息，并不会完全模仿人体内所自然产生的荷尔蒙信息。由于合成的孕激素会与孕激素受体以外的其他物质（比如睾酮受体）相结合，这就意味着避孕药所传递的荷尔蒙信息至少在某些方面会与真正的黄体期时荷尔蒙所传递的信息有所不同。从这一点我们就可以初步推测，服用避孕药的女性所表现出的生物以及行为趋势，都更类似于未服用避孕药的女性在周期中的黄体期（等待受精卵着床的阶段）时的表现，而非容易受孕的时期。但不管怎么说，这两种荷尔蒙信息都无法完全等同。

好消息是，你不必等到科学弄清楚所有的细节，就能做出明智的决策。我们对避孕药中的荷尔蒙以及避孕药如何改变女性已经有了足够多的了解，可以帮助你为自己的健康做出明智之举。现在，我们就来聊一聊市面上的避孕药中所含有的不同荷尔蒙类型的差异，因为市面上的避孕药品牌真的五花八门，而不同的避孕药的作用方式都是不尽相同的。当你想找出哪一种才是你最好的选择时，先了解这些信息是非常有帮助的。

避孕药，避孕药，还是避孕药

大多数避孕药都是含有人造雌激素和孕激素（一种人工合成的孕激素）的复合型药物。尽管市面上大多数避孕药使用的都是相同的人造雌激素（炔雌醇，前面已经说过了，由人体内的雌激素合成而来），然而对人造孕激素的使用却有着大概十种不同的版本。这些不同类型的孕激素，根据它们由何种分子衍生而来，以及上市的时间（参阅下页表），可以划分成四个不同的“世代”。你可以通过查看本章末尾的那个巨长无比的表格来确定自己所服用的避孕药属于何种类型。

孕激素的不同世代

世代	注释
第一代	由睾酮（T）衍生而成。含有高剂量的孕激素，这意味着它们可以有效预防HPG轴所引发的级联反应并抑制排卵。
第二代	由睾酮衍生而成。已知这一代的药物会增加服药者对与睾酮相关的副作用的风险，比如会降低好的胆固醇（高密度脂蛋白，简称HDL），体重增加，容易引发青春痘，并在你不希望的地方生长毛发（多毛症）。这些副作用通常可以被药物中的雌激素所抵消，然而有些女性仍然会受到这些睾酮分子所带来的副作用的影响。
第三代	由睾酮衍生而成。但这一代的睾酮分子经过改良，有降低一些类雄性化的副作用（体重增加、长痘痘、多毛症等）。但第三代药物与第二代药物相比，增加了血栓的风险。
第四代 地诺孕素	由睾酮衍生而成的第四代孕激素。与其他三代不同的是，这一代的药物实际上阻绝了睾酮分子受体，使得睾酮无法被人体的细胞所“读取”。因此，即使该款药物依然是由睾酮所衍生的，却具有抗雄激素的特性。这就意味着服用者长痘痘和体重增加的副作用都会相应减少。这一代的孕激素（包括下面将要介绍的屈螺酮）也非常适合那些经常出现经期出血的女性。
第四代 屈螺酮	也属于第四代的孕激素，是唯一一款不是由睾酮制作而成的。它是由一种叫作螺内酯的利尿剂衍生而来的。在所有的孕激素中，这一代药物的抗雄激素作用最为有效。服用过这款药物的女性通常会发现自己的皮肤变得更洁净，甚至有助于体重的降低，因为它可以有效降低由雌激素所引发的水肿问题，进而发挥减重的功效。

前三代孕激素以及第四代孕激素中的其中一款都是由睾酮合成而来的。尽管这些孕激素在某些方面的作用就像人体内实际产生的孕激素（它们与孕激素受体相结合，从而防止HPG荷尔蒙级联反应的发生所最终导致的排卵），但是，从第一代到第三代的孕激素也同样会与睾酮受体相结合。你可能还记得我们在第2章中所提及的，某些物质与一种特定的荷尔蒙受体相结合后，当指定的荷尔蒙存在时，它就会命令细胞去做任何它应该做的事情。这就意味着，这些含有由睾酮衍生而成的孕激素的避孕药可能会对女性造成一些类雄性化的副作用，比如长痘痘、体重增加以及在你可能不希望的地方生长毛发，等等。一些研究结果显示，这一类的避孕药甚至也可能会对女性的大脑产生一定的类雄性化作用，比如语言的流利度降低，以及心理旋转任务表现的增加，等等。假如你是一只黑狐猴——一种性二态性的灵长类动物，雌性拥有棕色的皮毛，而雄性则拥有黑色的皮毛——服用了这种类型的避孕药后，你的皮毛会变成黑色。这实在是太尴尬了……即便你只是一只狐猴。

第一代与第二代孕激素中的类雄性化表现最为强烈，这意味着它们所引发的睾酮副作用也最为明显。第三代孕激素对此进行了改进，使得类雄性化的副作用有所降低，但它们仍然是由睾酮所制成的，也仍然会刺激睾酮受体，差别只是影响较小而已。这些孕激素的类雄性化作用相当小，以至于很多女性完全不会注意到这些讨人厌的副作用。然而，如果你恰好就是那为数不多的会对睾酮分子超级敏感的幸运儿中的一员，那么第四代的避孕药或许会是你的最佳选择，因为第四代孕激素不仅是抗雄性化的，而且它们实际上是反雄性化的。它们的化学结构阻绝了睾酮在人体内可能产生的作用。然而不幸的是，阻绝睾酮本身是要付出代价的（目前已知，它们是性欲的杀手），不过有些女性可能会觉得这种代价比起讨人厌的多毛症和长痘痘，还是相当值得的。

知道了这么多信息，那么你究竟应该怎么办呢?

好吧，我希望你能利用这些信息来了解更多关于你自己的选择。正如我前面所提到的，在本章末尾，我还提供了一份巨长无比的表格，其中罗列出了40多种目前市面上最受欢迎的含有荷尔蒙成分的避孕药品牌。每一款我都列出了它们人造雌激素（炔雌醇）的含量以及所包含的孕激素类型、剂量以及世代，以供你参考。虽然你还是需要和你的医生讨论，去找出哪一款避孕药——如果非要服用的话——是最好的尝试起点，但我希望这些信息仍然可以帮助你解决这个一直令人困扰的试错过程，让你能更快地确定哪些药物适合你的身体，哪些不适合。

比如，如果你正在服用一款不太喜欢的避孕药，可以去查看一下表格中（1）它使用的是第几代的孕激素，（2）它所含有的雌激素和孕激素的剂量分别是多少。我的建议是，你首先应该对孕激素进行排查。例如你现在服用的避孕药使用的是第三代的孕激素，而你不是很喜欢它，那么去询问一下你的医生是否可以尝试换成使用第二代或者是第四代孕激素的药物，再来看看感觉如何。在彻底决定换药之前，给自己几个周期的时间，也建议你可以考虑在此期间写一些日记。注意并记录这段时间内你感觉上所发生的任何变化：你的情绪、食欲、精力、睡眠、性欲，以及任何其他你认为会与你的决定息息相关的生活维度方面的问题（在后面的一些章节中，你会了解到更多其他可能需要考虑的方面）。而一旦找到适合自己身体的孕激素，你可以与你的医生讨论，如何通过尝试不同的雌激素以及孕激素的剂量，去尽可能地降低某些小烦恼对你所造成的困扰，比如经期出血问题。

找到适合自己的避孕药可能需要花上一些时间和一点儿耐心。但是，找到适合自己的那款药物，这个过程是很值得等待的。对女性而言，不必担心在不合时宜的时间点被怀孕这件事所累，真的是男女平等的终极利器，绝对值得一试，只是可能没那么容易罢了。有一件事会随着我们的继续深入讨论而逐渐变得清晰，那就是女性的身体对不同配方的荷尔蒙所产生的反应（甚至是相同的人造荷尔蒙，只是制造厂商不同所生产出来的不同版本）是有着很大差异性的。每一个女性的身体都是不同的，对添加的人造雌激素和孕激素不同剂量的组合自然也会有着不同的反应。对一些女性而言，这可以增加她们体内雌激素或是孕激素的分泌水平；而对另外的一些女性而言，却可能导致雌激素或是孕激素水平的减少。而这些荷尔蒙对其身体以及大脑所产生的方方面面的影响，也会因每个女性而异。

举个更直接的例子吧，我想和你分享我的一位朋友最近尝试更换避孕药时的经历。这里我不会提及具体的避孕药的品牌，但是我想告诉你的是，她新换的这款避孕药，正是我当年吃了两年并且相当钟爱的那个品牌。在我生完第一个孩子到准备生第二个孩子之间的那段时期，我一直在服用这一款避孕药，绝对没觉得有任何问题（还记得吗？直到我完全停止服用这些含有荷尔蒙成分的避孕药之后，我才终于意识到：“我的天哪！我竟然整整虚度了十年的人生！”）。好吧，我的朋友在服用了这款避孕药后，却与我当年有着截然不同的经历和体验。但是在我揭晓谜底之前，必须要强调一下，我的这位朋友在其他任何方面情绪都相当稳定，从来没有过任何的心理问题。

然后，就轮到这款新的避孕药登场了。

在服用了新避孕药的48小时之内，她就经历了一次极其可怕的精神病发作，变得异常焦虑和偏执。她开始相信她所认识的每一个人实际上都是冒充者，并不是他们所说的那个真正的人。而这场折磨在5天之后发展到了最为夸张的地步：我的这位朋友发信息给她的一位男性友人，问她是不是可以把他的身体剖开来，以确定他到底是不是真的！这位男性友人最后不得不把她带到急诊室去进行精神评估。

我向你保证，这一切绝对不是我胡编乱造的。

在到达急诊室并进行了一系列“你最近是否有任何健康方面的变化”的核查过后，唯一一个会让医生们觉得可能导致她在精神病发作前后的状态天差地别的地方，就是她的新避孕药。尽管没有人真的认为避孕药会是导致她精神病发作的原因，但他们还是建议她至少先停止服用看看，因为他们实在想不出她为何会出现这种现实世界中的精神崩溃。

仅仅12小时过后，她就又回到了从前的状态。

这里我并不是要说避孕药是一种会让你发疯的可怕药物，所以你不应该服用它。大多数服用避孕药的女性都没有过类似这么疯狂的经历，而且很多女性都超爱它的。我曾经也超爱它的。问题的关键，是荷尔蒙会同时作用于数十亿个人体细胞，而它们究竟会对这数十亿的细胞产生怎样的影响，却因不同的女性而有所不同。不论是在服用X药物时失控大哭，还是服用Y药物时所产生的巨大焦虑，抑或是服用Z药物时感觉自己好像毫无良知，我听过各式各样你可以想象得到的关于市面上几乎每一种避孕药的故事。然而每一个我所听到的恐怖故事背后，也都有一长串的女性迫不及待地等着要告诉我，同样的这款药物，是她们人生中所遇到最美好的事。

你知道吗?

她们谁都没有错。

你的身体对避孕药中所含有的荷尔蒙具体的反应方式，取决于你身上所特有的一大堆相关因素。比如你开始服用避孕药之前的荷尔蒙水平、你的年龄、健康状况、你大脑的神经递质概况、你的遗传基因，还有一大堆我们可能还不得而知的其他因素。这意味着随着我们的不断深入，我所讲述的这些有关女性的故事，还有探讨的有关避孕药如何改变女性的那些研究结果，可能会让你在某些事情上认清自己，而在其他事情上则不然。我们每个人都是独一无二的，因此对你可能有效的事，在你闺蜜身上却可能有着完全不一样的结果。

所以如果你决定要服用避孕药，我会强烈建议你，了解，了解，再了解更多的信息，直到找到最适合你自己的方案为止。

药物作用于你的大脑（还有你的子宫、卵巢，以及其他一切）

本书想阐述的一大重点就是，你所认为的**你**，实际上是你身体中进行生物过程的一个产物而已。而这些过程中最最重要的调节媒介，就是你的荷尔蒙。尽管避孕药是为了针对女性身上所产生的一项非常具体且有针对性的作用而发明出来的（抑制排卵就意味着不会怀孕——很棒），然而荷尔蒙根本就不是这样运作的。这世上根本就没有什么“灵丹妙药”。你无法（我再说一次：无法）只向身体的某一个部位发送一条“有目的性”的荷尔蒙信息而丝毫不影响身体的其他部位。虽然任何一款你服用的药物（也包括副作用[1]）都是如此，但是对会影响你的荷尔蒙的药物来说，这一点尤为重

1　虽然实际上并不存在所谓的什么“副作用”。药物只会产生作用。把这种“我可没有要求发生这样的作用”的作用称之为副作用，不过就像是魔法幻觉中烟雾和镜子那样的伎俩罢了，它旨在让那些药物听起来比实际上更有针对性，并最大程度地降低我们对不喜欢的东西的关注度而已。

要。无论你在身体的哪个部位施用荷尔蒙（不管你是戴着阴道避孕环，还是在手臂上植入了皮下埋植避孕棒，又或者是注射了狄波－普维拉避孕针），它们终将归于一处。

而那一处，就是你身体中的每一处。

你体内任何的荷尔蒙——无论它是货真价实的（我们称之为内源性荷尔蒙），还是那些避孕药中所含有的人造（外源性）荷尔蒙——都会被你体内所有具有该荷尔蒙受体的细胞所接收。它们能同时操控你全身上下数十亿个开关，影响着你的身体会创造出什么样的自己。这包括你是否有卵子发育成熟并将其释放（这也是避孕药如何防止你怀孕的原理），但同样也包含一大堆其他因素。这有点儿像是在你的房子里面丢下一枚原子弹——只是为了吹灭一根蜡烛。在房子里丢下原子弹的确可以吹灭蜡烛，只是这样的效果……总体而言……足以使其成为一种相当不受欢迎的熄灭蜡烛的方式。

多年以来，医生和医学研究人员在研究避孕药的潜在副作用时的主要关注点都放在了其对生命构成急性威胁的那些方面。我们讨论的都是关于血栓、中风、血脂异常变化，或是身体电解质平衡方面可能产生的危险性变化等。我认为我们都可以同意，这些研究对女性而言相当重要，这样你就不必太过担心市面上的这些含有荷尔蒙成分的避孕药的安全性了（当然还是需要注意细则，例如不适用于35岁以上的吸烟者等）。这种信心，来自医学工作者数十年来潜心研究的医学结果。毕竟医生接受的就是确保患者的健康与安全方面的训练，而关于避孕药的研究也反映了这一重点。

然而，直到最近，才开始有零星的人关注到避孕药对人类大脑所产生的影响——进而开始思考它对女性会造成什么样的后果：对这个人有着怎样的影响。之前大家都太关注药物的安全性了（再重申一次，这种关注非常重要，而这也的确是考虑一款药物应该首要去关注的事情），以至于很少有人会去思考这么宏观的问题。

在服用了避孕药以后，女人究竟会变成什么样子呢？

我们的大脑以及身体内的其他部位到处都充斥着荷尔蒙受体，要说避孕药不会对女性产生任何改变，那是不可能的事。

而且它影响的不只是直接负责编排排卵周期和协调怀孕的脑部及身体区域，还涉及大脑中负责情感加工、社交互动、注意力、学习能力、记忆力、面部识别能力、自我控制能力、饮食行为，以及语言处理等方方面面的功能区块。不仅如此，除了大脑以外的身体部位，如免疫系统、应激反应，以及你的肠道荷尔蒙等，都是我们需要关注的问题。也就是说，避孕药将从头到脚对你整个身体的方方面面都产生不计其数的影响。而避孕药影响这些结果的方式，往往都是相当间接和下游的，我们并不能总是认定避孕药直接导致了这样的结果，因为从生物学的角度而言，几乎没有什么事情是按照这种方式进行的。

就拿体重增加这件事为例吧。

不管我们喜欢与否，计划之外的体重增加对大多数女性来说，都算得上是个大问题。正因如此，当考虑避孕药的不同选项时，很多女性都会想了解这种避孕药是否会导致她们的体重增加，因为这通常都不是她们所希望发生的事情。

那么，究竟会不会呢?

也许会。但很可能不是出于你认为的那些原因。

当大多数人想到药物会导致体重增加时，他们通常会想象这样一幅场景：某种化学物质进入了人的身体，然后对人体内的代谢细胞或是脂肪细胞又或者随便什么细胞进行了番干扰，最后导致脂肪的堆积。但实际上，大多数时候，事情并不是这样运作的。由药物、荷尔蒙的改变（包括像是更年期以及怀孕）或是具有某些特定基因所引起的脂肪堆积，往往都是借由行为上的改变来进行介导的[1]，而不只是某种无

1 当然，这也会有例外。有些基因以及药物的确会促进体重的增加，而与行为变化无关。然而这些只是少数的例外而已。

法避免的生化转变所导致的结果。因此，如果市面上有一款药物确定与体重增加有关，那么很有可能并不是药物中的化学物质直接导致了体重的增加。相反，它可能只是会让你觉得更容易饥饿或是犯困，从而导致你摄入更多的食物或是更懒得去锻炼，而这些才是导致你脂肪堆积的真正原因。

那么，避孕药和体重增加之间到底有什么关联呢?

这么说吧，许多研究结果都表明，避孕药本身并不会导致体重的增加。但是也有很多研究报告建议，如果你在服用避孕药并且真的遇到了体重增加的状况的话，那么避孕药中所含有的荷尔蒙很可能与此有关。

我之所以会这么说，是因为大量针对人类及其他动物的研究都表明，促进排卵的雌激素的激增会导致食物摄入量的减少。科学家认为这种在食物摄入量上的减少，反映了一种无意识的动机权衡，当女性的性动机增强（我们在第3章中谈论过这些有趣的现象）之时，就会以减少一些其他方面的活动作为代价，比如进食和消化。

与这种解释不谋而合的是，有研究发现，当周期中的雌激素与性动机双双达到高峰时，女性所表现出的饥饿感与食物摄入量反而最低（参见下图）。反之，在周期的后半段，当孕激素的分泌水平达到峰值时（此时女性的身体正在为可

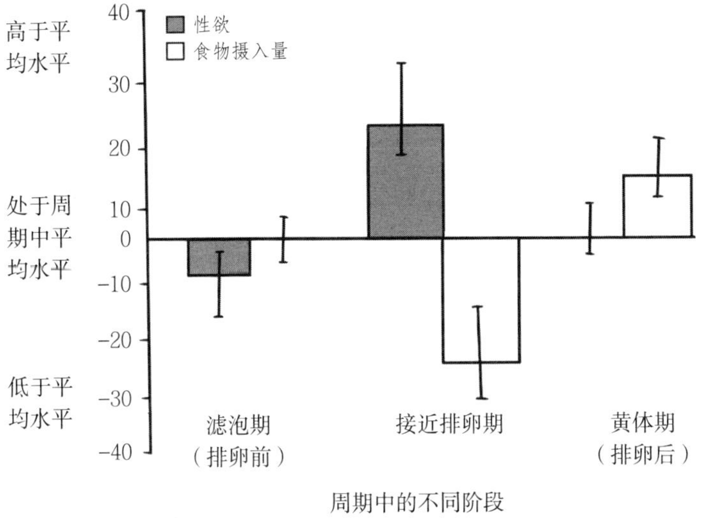

当有可能受孕的时候，女性的食物摄入量降低，而性欲大增。

能需要为发育中的胎儿提供长达9个月连续不间断的能量供给做好准备），女性对食物的摄取量则最高。

放在一个典型的排卵周期中来看，这样很不错。如果女性在周期的前半段吃得少一些，而在后半段吃得多一些，那么随着时间的推移，她们的体重就可以保持在一个相对稳定的状态之下。然而服用避孕药的女性却没有这么规律的周期变化。她们一直被困在由人工创造的类黄体期阶段，孕激素永远都作为主要荷尔蒙而存在着。含有荷尔蒙成分的避孕药与体重增加有关最有力的证据，就存在于那些孕激素与雌激素比例最高的药物中。因此，服用类似这样的含有荷尔蒙成分的避孕药也许不会导致最严格意义上的体重增加（足够的研究也表明，服用避孕药与体重增加之间并不存在必然的联系）。然而，我们有充分的理由相信，对那些没有意识到荷尔蒙对进食行为的影响（因此也不会去监测自己因为服用避孕药而可能导致的食物摄入量上的变化）的女性而言，服用避孕药就很有可能会促使行为改变，进而导致体重的增加。这也就是说，对一些女性来说，避孕药的确可能与体重的增加有关（对那些增加饮食行为的女性而言），而对另外一些女性，则不见得如此。

避孕药对女性乃至于整个世界（这里我谈论的是广义上的影响）而言，其影响必然会远远大于对女性某些特定部位的影响（这里则是严格意义上的狭义的影响）。正如你将会看到的那样，改变一个女人的荷尔蒙水平，就意味着改变了她的行为。而当一个女人的行为表现发生变化时，又会影响其他人的行为表现。当这些个人层面上的变化在全球范围内不断重复上演的时候，这就意味着它将会改变世界。有时会让这个世界变得更好，但有时也可能会变得更糟。

在接下来的一些章节中，我们将会介绍避孕药改变女性的不同方式。我们将讨论避孕药中所含有的荷尔蒙是如何一层一层地向下作用，对女性的方方面面都产生深远影响的，包括她们的思维方式、感觉、面对压力时的反应、选择伴侣的方式、对伴侣关系的满意度，以及对性的渴望程度，等等。然后我们将会讨论到更加（绝对更加）深远的衍生影响。这些影响有部分来自研究期刊的文章内容，有些来自很多女性朋友与我分享的关于她们自己的故事，还有一些则来自我的实验室里的调查研究。尽管关于这方面的科学研究还处于起步阶段，对其中的一些细节问题我们还有诸多的疑问，但是我们目前所了解到的信息足以帮助你做出更加明智的选择，不仅仅是关乎你的健康，也包括你想成为什么样的人。

常用的含有荷尔蒙成分的避孕药中雌激素与孕激素的含量

品牌	雌激素（含量）	孕激素类型	所处世代	孕激素（含量）
Alesse	0.02毫克	左炔诺孕酮	第二代	0.10毫克
Apri	0.03毫克	脱氧孕烯	第三代	0.15毫克
Aranelle	0.035毫克	炔诺酮	第一代	0.50毫克[1]；1.00毫克
Aviane	0.02毫克	左炔诺孕酮	第二代	0.10毫克
Azurette	0.02毫克；0.01毫克	脱氧孕烯	第三代	0.15毫克
Beyaz	0.02毫克	屈螺酮	第四代	3.00毫克
Camila	不适用	炔诺酮	第一代	0.35毫克
Caziant	0.025毫克	脱氧孕烯	第三代	0.10毫克；0.125毫克；0.15毫克
Depo-Provera	不适用	甲羟孕酮	第一代	150.00毫克／3个月
Desogen	0.03毫克	脱氧孕烯	第三代	0.15毫克
Enpresse	0.03毫克；0.04毫克	左炔诺孕酮	第二代	0.05毫克；0.075毫克；0.125毫克
Errin	不适用	炔诺酮	第一代	0.35毫克
Estrostep Fe	0.02毫克；0.03毫克；0.035毫克	醋酸炔诺酮	第一代	1.00毫克

1 列出多种剂量的避孕药会在28天的用药周期中改变剂量。

（续表）

品牌	雌激素（含量）	孕激素类型	所处世代	孕激素（含量）
Gianvi	0.02毫克	屈螺酮	第四代	3.00毫克
Heather	不适用	炔诺酮	第一代	0.35毫克
Jencycla	不适用	炔诺酮	第一代	0.35毫克
Jolivette	不适用	炔诺酮	第一代	0.35毫克
Kariva	0.02毫克； 0.01毫克	脱氧孕烯	第三代	0.15毫克
Lessina	0.02毫克	左炔诺孕酮	第二代	0.10毫克
Levlite	0.02毫克	左炔诺孕酮	第二代	0.10毫克
Levora	0.03毫克	左炔诺孕酮	第二代	0.15毫克
Lo/Ovral	0.03毫克	炔诺孕酮	第二代	0.30毫克
Loestrin	0.02毫克	醋酸炔诺酮	第一代	1.00毫克
Low-Ogestrel	0.03毫克	炔诺孕酮	第二代	0.30毫克
Lybrel	0.02毫克	左炔诺孕酮	第二代	0.09毫克
Mircetto	0.02毫克； 0.01毫克	脱氧孕烯	第三代	0.15毫克
Mirena	不适用	左炔诺孕酮	第二代	约0.02毫克/天
Natazia	3.00毫克； 2.00毫克； 1.00毫克	地诺孕素	第四代	0.00毫克； 2.00毫克； 3.00毫克
Nor-QD	不适用	炔诺酮	第一代	0.35毫克
Nora-BE	不适用	炔诺酮	第一代	0.35毫克
Nordette	0.03毫克	左炔诺孕酮	第二代	0.15毫克
NuvaRing	约0.015毫克/天	依托孕烯	第三代	约0.12毫克/天

（续表）

品牌	雌激素（含量）	孕激素类型	所处世代	孕激素（含量）
Ocella	0.03毫克	屈螺酮	第四代	3.00毫克
Ortho Tri-Cyclen	0.035毫克	诺孕酯	第三代	0.18毫克；0.215毫克；0.25毫克
Ortho-Novum	0.035毫克	炔诺酮	第一代	0.50毫克；1.00毫克
Ortho Micronor	不适用	炔诺酮	第一代	0.35毫克
Previfem	0.035毫克	诺孕酯	第三代	0.25毫克
Reclipsen	0.03毫克	脱氧孕烯	第三代	0.15毫克
Safyral	0.03毫克	屈螺酮	第四代	3.00毫克
Seasonale	0.03毫克	左炔诺孕酮	第二代	0.15毫克
Seasonique	0.03毫克	左炔诺孕酮	第二代	0.15毫克
TriNessa	0.035毫克	诺孕酯	第三代	0.18毫克；0.215毫克；0.25毫克
Triphasil	0.03毫克；0.04毫克	左炔诺孕酮	第二代	0.05毫克；0.075毫克；0.125毫克
Velivet	0.025毫克	脱氧孕烯	第三代	0.10毫克；0.125毫克；0.15毫克
Yasmin	0.03毫克	屈螺酮	第四代	3.00毫克
Yaz	0.02毫克	屈螺酮	第四代	3.00毫克

第5章　性不性感？“药”说了算

大多数人可能都会认同，吸引力、爱情、性和婚姻是一个人生命中最值得重视的几件“人生大事”。而既然它们如此重要，我们就绝对不会希望这一切被我们所吞下去的小小药丸给搞砸了。

然而事实是，它们的确会对我们生活的方方面面都产生影响。

让我们来听听奥利维亚和安娜丽丝的故事吧，[1]这两个人都是在遇到她们人生的另一半后开始服用避孕药的，后来又把药给停掉了。

奥利维亚是一位35岁的律师，结婚已经十年了。她在法学院的时候就认识了她现在的丈夫，两个人在几年后便结了婚。他们相遇的时候，奥利维亚就在服用避孕药了，自从大学四年级以来一直如此。尽管她与丈夫之间从来都不是那种激情四射的关系，可她从来也不觉得两个人之间需要如此。她甚至还为此感到自豪，自己再也不会像刚上大学那会儿时常会因为男人和性而分心了。她非常专注于自己的事业，觉得自己再也不必为那种干柴烈火般的情侣关系所打扰了。她和丈夫会有固定的性生活，但是却没什么兴致，只当是例行公事罢了。她从来也不会花时间去想与性有关的事儿，甚至经常向她的女朋友说，她可以永远都不需要性生活，她也完全不会为此而感到任何的困扰。她觉得自己早就已经过了会

1 其实列举的这些女性，每一位都是从多位不同的女性身上所摘取出来的故事片段再组合而成一个虚构的综合角色（还有再加入一些虚构的细节来让人物角色更鲜明也更具人格化）。这种角色的创造会贯穿本书，旨在帮助建立更具人格化的服用避孕药者的形象及经历，同时也确保不会泄露任何曾经与我分享其亲身经历的女性朋友的个人隐私。

对吸引力与欲望产生冲动的阶段，年轻的时候这两样东西都消耗了她太多的精神能量。

在他们第一个，也是唯一的一个孩子出生以后，奥利维亚的先生去做了结扎手术，而她也就此停用了避孕药。虽然一开始她并没有意识到有什么不同，可是渐渐地她开始发现，比起以往，自己想要性生活的频率大幅增加了。更夸张的是，她发现自己甚至会对丈夫以外的男人产生性幻想。不论是公事差旅途中还是陪儿子去公园玩时遇到男性，她都会有一种被吸引的感觉。到现在她都清楚地记得当她突然意识到这一切变得不同的那个时刻："当时我正在一架飞往洛杉矶的飞机上，准备去那里做一场演讲。当我走过头等舱的时候，竟然发现自己正在与那些西装革履、魅力十足的男性进行着眼神交流，他们坐在那里，看上去是那么的性感而自信。那一刻我才突然意识到自己遇上大麻烦了：我觉得自己好像是一只正在发情的母老虎，而这给了我当头一棒。我甚至开始怀疑过去这十年里我的一切是不是都是一场梦而已，我以为的有关自己的一切会不会其实都是一个天大的谎言。"

从那以后不久，奥利维亚就开始质疑自己与丈夫之间的关系了。因为她现在对其他男人有了这样的感觉——而那是一种她对自己的丈夫从来不曾拥有过的感觉——甚至开始怀疑自己是不是嫁错了男人。一直以来，奥利维亚都认为自己已经彻底摆脱了性欲所带来的各种混乱，然而她终于开始意识到，那些感觉原来并不是消失了，它们只是被避孕药掩藏起来了而已，她对伴侣的渴望依然没有改变，于是很快她就在一次派对上认识了一位颇具魅力的法官，并与他发生了性关系，以此来弥补自己欲望上的空缺。她严重怀疑停止服用避孕药是导致她性欲觉醒的“元凶”，正因为这样，她甚至还盘算着要不要重新开始服用避孕药好让自己的生活回归正轨，可是她却一直犹豫不决。“我实在是不想让自己感觉又像是睡着了一样。”她这样说。于是两段关系就这样一直同时存在着，她也继续深陷不知下一步究竟要如何是好的泥淖之中。

再来听一听23岁的安娜丽丝的故事吧。像许多同龄女性一样，为确保月经的规律性，安娜丽丝在她17岁的时候就开始服用避孕药了。在大学三年级的时候，她与一个在海外留学期间认识的男人开始交往。尽管对方也是美国人，但他住在离安娜丽丝三个州之外的地方。所以留学结束后，他们各自回到了自己的家乡，从此开启了一段时间的“异地恋”生活，直到后来，对方终于搬到了她的城市与她同住。

在他们交往的第三年，安娜丽丝停用了避孕药。其实在开始服用避孕药之前，安娜丽丝很喜欢做运动以及逛街购物，她曾经把很多时间都花在穿衣打扮上：购买各种时髦的服饰，化妆做头发，也算得上是个辣妹。然而在高中快要毕业准备进入大学的时候起，她对这些类型的活动就开始不感兴趣，她一直认为这是因为自己更专注于学业，也变得更加成熟稳重的结果。可是就在她停药以后，她突然感觉自己好像不是曾经的那个自己了。首先，她注意到自己的厌恶敏感度已经高到极点了：她发现以前都不会注意到的气味和景象现在都会让她超级反感，包括她男朋友养的狗的气味，甚至（更糟糕的是）男朋友的体味。与此同时，她还发现自己对购物和运动的热情又回来了。她整整减掉了5磅的体重。后来她还接受了隆胸手术，并与她的男朋友（还有他的狗）分手了。她感觉曾经的那个自己又回来了。

在我准备带你深入了解繁复的调研结果之前，我想再次提醒你，避孕药是由一种人造的荷尔蒙所制成的，而性荷尔蒙可以存在于你整个身体之中，操控你体内数十亿个细胞的开关，游刃有余。因此荷尔蒙的变化就会影响不同版本的“你”的产生。而这就意味着——理所当然地——避孕药会扰乱你所有与爱情和性爱相关的大脑回路。不乱是不可能的事儿。如果这一切对你而言似乎都相当显而易见的话，那么说明你比我第一次了解这些内容的时候还要领先了两步。尽管20年来我都一直潜心于研究女性关系心理学在生物层面的影响，但我们在接下来的几个章节中将要讨论的研究发现仍然让我大吃一惊。这项研究，虽然仍处于萌芽阶段，但它表明了避孕药可能会影响你的吸引对象、你的关系动态、你的性生活品质、你对伴侣面容的反应、你在他人眼中的性感程度乃至你离婚的可能性。换句话说，凡是涉及与爱情和性爱有关的方方面面，避孕药的影响几乎无孔不入。这样听起来好像挑衅意味浓厚，因为这意味着避孕药可能正在改变着现代女性的整个关系样貌。

很有可能也会影响到你。

我们就先从吸引力开始聊起吧。之前我们已经讨论了很多关于女性的荷尔蒙会影响她们吸引人的各种方式。正如我们在先前几个章节中所讨论的那样，数十年的研究表明，随着雌激素水平在整个周期过程中的上升，女性的性动机以及对男性好的遗传品质所流露出的线索的敏感度也会随之增加。特别的是，这项研究发现，在雌激素的分泌水平较高位时——在一个自然的排卵周期中刚好发生在中期——比起雌激素分泌水平低的时期，女性会对明显具有睾酮标记的面部特征、声音，以及行为表现（这里我们说的是那种国字脸、嗓音低沉、走起路来昂首阔步的样子）的男性表现出更强烈的喜好。还记得吗？雌激素是很爱睾酮的。此外，这项研究还发现，雌激素往往会提升女性对那些拥有睾酮标记的男性气味的偏好，这些男性的面孔与身体通常都很对称，并且/或者其免疫基因与自身有所不同。后者有助于防止近亲繁殖（讲的好像我们真的还需要额外的助力来对付）以及通过增加身体能识别并消除的病原体数量，来促进每一个后代的健康，进而降低感染疾病的风险。[1]

但是然后呢？当女性服用避孕药之后，她们的择偶偏好会发生怎样的变化呢？由于（1）服用避孕药的女性不会排卵，以及（2）避孕药中所含有的人造荷尔蒙会为大脑制造出误以为正处于孕激素占主导地位的黄体期（或者不管怎么

---

1 这里我所谈论的是来自“主要组织相容性复合体”（MHC）的基因（对人类而言，这些基因又被称为“人类白细胞抗原”，即HLA）。MHC是一组编码细胞表面标志物的基因群的统称，你体内的免疫系统以此来区分自体组织和肽（你身体里让你成为“你”的部位）以排斥类似寄生虫、病毒或细菌这类会使你生病的异体物质。MHC的基因座具有高度多态性，这也就意味着在我们人体的基因库中漂浮着数也数不清的不同版本的它们——多到事实上不相关的人之间几乎不可能拥有相同的MHC基因。MHC的有趣之处（也是我们希望伴侣与我们之间拥有不同基因的原因）在于，它们是共显性表达的。意思是说，两组基因（一组来自妈妈，另一组来自爸爸）都可以得到表达。目前医学上的观点认为，具有可变（而不是相似）的MHC基因，可以为在人体内巡逻的T细胞提供更为广泛的病原体衍生肽，提高自身的免疫防御能力，从而打造出一个更加健康的你。

说，大概就是接近这个阶段）的假象，因此，避孕药有能力影响女性选择男性伴侣的类型这一观点是不无可能的。

天哪！

其实科学家也是到最近才开始探究这种影响的可能性的。尽管这方面的研究还刚起步，研究结果也令人喜忧参半，然而其开始逐渐呈现出来的画面却是引人入胜的。他们认为，避孕药可能会影响你的一切，从选择谁作为你的伴侣，到你将来离婚的可能性。

药物作用下的择偶标准

鉴于避孕药中所含有的人造荷尔蒙的作用原理（让每一天的荷尔蒙水平都保持一致），得知“服用避孕药的女性在择偶偏好上不会经历任何周期性的变化”这种事，也就不足为奇了吧？不同于经历自然周期的女性在受孕概率高的时期会对性感男士表现出更高的偏好，服用避孕药的女性会对面部及声音不那么有阳刚之气的男性展现出坚定不移的偏好，而这正是自然周期的女性在其周期的后半段、当孕激素分泌水平处于高点的时所展现出的偏好特征。

例如，在一份研究中，研究人员将两组正处于滤泡期阶段的女性带进实验室，并请她们使用一个特殊的计算机程序来操控男性和女性面部照片外观。她们可以通过点击计算机的鼠标来改变照片中男性和女性的原形外观，以10%的增量对照片中例如下颌高度、面部宽度及颧骨突出度等面部特征进行微调，依照自己的喜好将照片中的原形面孔男性化或女性化。实验中的女性并不知道的是，对这些不同类型的面部特征的喜好，往往会随着一个人体内性荷尔蒙分泌水平的高低变化而产生变化。研究人员要求这些女性将男性的面部特征调整为符合她们理想中的短期和长期恋爱伴侣的形象。此外，她们还被要求勾勒出一个她们心中最具吸引力的女性面孔。在完成第一阶段的实验环节后，一半的受试者开始服用含有荷尔蒙成分的避孕药（实验组），另一半则没有服用（对照组）。三个月过后，两组受试者重新回到实验室中，然后再执行一次之前的任务。

当研究人员比对自然周期的女性（对照组）所创建的两组图像时，他们发现阶段一与阶段二所创造出来的面部特征几乎没有任何差异。然而研究人员却发现，在那些后来开始服用避孕药的女性心目中，理想的男性面孔在第二阶段的实验中明显少了很多雄性化的特征。一旦这些女性开始服药，她们所创造出来的面孔就变得更加女性化，具体表现为下颌骨变窄、面部轮廓更加圆润。不过区区三个月，服药前后所创造出来的男性理想面孔就产生了非常显著的不同。不论是她们理想中的长期性伴侣的面孔还是短期性伴侣的面孔，情况都是如此。重点是，类似的结论却并没有在她们所创造出来的最具吸引力的理想女性面孔中发现。在整个测试期间，这些面孔都大抵相同，这表明避孕药对雄性气质的偏好具有特异性，只在对男性的喜好度上有所体现。

在另外一项研究中，同样是这群研究人员想测试服用避孕药的女性与没有服用避孕药的女性对照组相比，是否实际上真的会选择具有较少雄性特征的男性作为她们的伴侣。就像在现实生活中的选择一样。为此，他们招募了一大批正处于恋爱关系中的男性样本。样本中有一半男性是女方在服用避孕药期间选择跟他们在一起的；而另外一半的男性，当初相识时，女方是没有在服用避孕药的。接着，研究人员拍摄了这些男性的照片，以便他们可以将服药女性所选择的男性与未服药女性所选择的男性之间雄性化程度的平均值进行对比。他们分别对男性的主观雄性化程度（外部评分者心目中觉得他们的面孔有多雄性化）以及客观雄性化程度（通过评估颧骨的突出度、下颌与脸庞下半部的高度比，以及面部高度与宽度比等方面进行计算比对）进行了测量。

你是否已经预料到结论了呢?

服用避孕药的女性所选择的男性，其面部雄性特征的显著度大大低于未服用避孕药的女性所选择的男性。

现在，纵使你已经猜到了这样的结论，也不得不承认这件事儿挺有意思的，对不对?女性在服用避孕药期间所选择的伴侣类型可能与未服用药物期间的选择有所不同，这个观点表明，避孕药可能会对女性长期关系的质量与动态造成涟漪效应，甚至可能增加离婚或者出轨的风险。这也引出了一些耐人深究的问题，研究人员直到现在才开始认真思考。例如，如果服用避孕药的女性在选择伴侣时并不在乎对方性感与否，那么她们究竟是为了寻求什么呢?还有，如果避孕药会使女性在选择配偶时，将全部的标准都集中在同一方面的特质而不考虑其他方面，那么这就引出了一个（可能更为严重的）问题，即当一组荷尔蒙（比如避孕药中所含有的荷尔蒙）作用下的你选择了“它们”喜欢的伴侣，可是另一组荷尔蒙（自然周期时原本的那个你）作用下的你却因此也深陷你与他的关系之中，这对女性的伴侣关系又意味着什么呢?

为了找出第一个问题的答案，研究人员对两千多名至少生过一个孩子的女性进行了一项关系质量的调查。样本中一半的女性是在服用避孕药期间与她们的伴侣相识的，而另外一半则相反。该调研向这些女性询问了有关她们第一个孩子的父亲与自己的关系质量，无论其现在是否仍然与该男子维持在同一段伴侣关系之中。

比对的面向	谁获得更多的满足感
伴侣的经济保障能力	服药>未服药
伴侣的智力水平	服药>未服药
性兴奋度	服药<未服药
性冒险度	服药<未服药
性接受度	服药<未服药
对性的吸引力	服药<未服药
伴侣的支持度	服药<未服药
伴侣身体的吸引力	服药<未服药
与伴侣达到性高潮	服药=未服药
伴侣的忠诚度	服药=未服药
伴侣的雄心壮志	服药=未服药
伴侣的拒绝	服药=未服药
性顺从度	服药=未服药
伴侣面部的吸引力	服药=未服药

女性对于伴侣关系中不同面向的满意度高低，取决于她们选择伴侣时是否在服用避孕药。

你可以从上面的表格中读到这个调研的结果。白色表格的部分是那些在服药期间选择伴侣的女性在关系满意度方面更高的领域；浅灰色表格的部分则是那些在未服药期间选择伴侣的女性在关系满意度方面更高的领域；而深灰色表格的部分所表现出的关系满意度，则在服药者与未服药者之间没有明显的差异。

经历自然周期的女性——除了选择更性感的伴侣之外——似乎也享受着更美好的性关系……好吧，与那些在服用避孕药期间选择伴侣的女性相比……几乎方方面面都更胜一筹。当我们认识到所有的研究结果都表明经历自然周期的女性——至少在雌激素的分泌水平占主导地位的那个阶段——会对性感格外有感觉时，这一切就说得通了。此外，与性感的男性伴侣交往的女性，她们的性欲往往也会比男性伴侣没那么性感的女性更加旺盛。而这都是你决定的结果。与那个未服药的“你”所挑选的伴侣关系相比，服药期间的“你”所选择的伴侣，似乎都预示着长期吸引力的不足以及性满足感的匮乏。

不过，好消息是，生活中的一切都可以看作是利弊的权衡。也就是说，在你服用避孕药期间选择的伴侣也是有好处的。而事实证明，它对很多女性来说都是相当有意义的。

正如你在前面的表格中所看到的那样，比起在未服药期间选择伴侣的女性，在服药期间选择伴侣的女性对其另一半的经济保障能力与智力水平往往都表现出更高的满意度。[1] 目前普遍认为，这一结果是由服用避孕药的女性所表现出的（人造）类孕激素荷尔蒙水平导致的，这使得她们的大脑特别重视有助于在备孕时所需要保持足够安全感的那些品质。而这种诠释也的确在脑成像研究的科研结果中得到了印证。与经历自然周期的女性相比，服用避孕药的女性在看雄性特征较为明显的面孔时，她们在大脑的奖励中枢中的表现相对比较不活跃，而在财务方面的表现则更为活跃。这绝对不容小觑，因为财务状况所带来的安全感是相当重要的。因此，

1 你也许很反感我把“性感”与“投资”这两件事扯到一起，可事实上这种利弊的权衡在生物界是理所当然的事。生命史理论（在进化生物学中这绝对是个相当重要的理论）就是在预测生物体（或个体）如何在有限的时间和精力预算下来维持生存和繁殖所需要的一切事情，诸如生长、成熟、交配，还有育儿，等等。生物体所面临的资源投资中一项关键的利弊权衡点，就在于是否选择投资于交配，还是将这些努力拿去投资到其他资源的获取、家人的照料或是后代的养育中去。如果你做出优先考虑交配的权衡选择（生命史理论预测性感的男人应该会这样做，因为他们比起没那么性感的男人来说，通常可能更容易成功，也更容易培育出更强健的后代），这就意味着你势必会拥有更少的时间与精力去应付其他的事情，比如对家人的照料。这就是为什么交配或育儿及照料在艺术与文学领域几乎永远都被置于相互对立的两个面向的原因。毕竟艺术是源自生活的，而生活中到处都充斥着利弊的权衡。你会发现，从蜜蜂到人类的所有物种中，都可以找到类似于“圣母玛利亚－绿茶婊”这样的二分法则，因为交配和照料永远无法同时被最大化地满足。

服用避孕药也许并不会导致她们所选的伴侣会比她们停药时所做出的选择更好或是更差，这不过是一种对不同面向的优先考量而已。而从离婚率方面来看，这一点点在优先考量上的转移，就可能为其自身带来诸多益处。

尽管这整件事看上去就是一种“我的性生活了无生趣，我的另一半也对我没啥‘性趣’”的惨况，但这项研究还观察到另外的一种模式，那就是在服用避孕药期间选择伴侣的女性，其离婚的可能性远远低于在未服用避孕药期间选择伴侣的女性！因此，或许长期婚姻幸福（或者至少说是长期婚姻关系）的关键，就在于挑选一个大脑足够聪明、经济保障能力足够强大的伴侣，而非单纯的性感男士也说不定。抑或，避孕药使女性更专注于其他一些无法实际衡量的重要品质，而这正是维系长期婚姻关系的关键。不管原因究竟为何，这种模式都十分耐人寻味。而更加耐人寻味的是，当这些服用避孕药的女性真的离婚时，她们绝大多数都是发起方：有84.5%的女性会主动提出离婚；相比之下，在那些没有服用避孕药时选择伴侣的女性的离婚案例中，只有73.6%的女性是主动提出离婚的。因此可以说，尽管优先考虑经济保障（以牺牲性感为代价）可能可以维持更加稳定的婚姻关系，但这些婚姻关系所面临的最大的威胁之一，就是这些女性自己会变得对现状不满。而这项研究表明，导致这种不满的最合理的罪魁祸首，就是吸引力以及性满足的缺乏。

女性长期伴侣关系的品质与持久性，可能会因为所选择的避孕方式而受到影响，无论是好是坏。这个观点的影响之大，甚至会让人难以置信。但是在我们太难以自拔之前，值得注意的是，这项研究的结果是可以进行各种不同的诠释的。作为一名科学家，在内心深处，我觉得有义务指出这种状况，即便是在令人兴奋的研究结果面前，也理应如此。

举例而言，因为这项研究比较的是服用与未服用避孕药的女性在选择伴侣时的关系结果，因此这个结果有可能也反映了在这些不同的女性群体之间，她们所偏爱的男性类型本来就存在着一定的差异性。比如，即使没有处在一段恋爱关系中，持续服用避孕药的女性（请记住，我们的服药者当初在认识她们的伴侣时就已经在服用避孕药了）依然可能会出于理性的原因（他是给我足够的安全感吗？会不会对我忠贞不渝呢？）选择她的另一半，而非内心的冲动（他有让我垂涎欲滴到想冲上去咬他一口并且一整天都只想坐在他的大腿上跟他缠绵悱恻吗？）。因此，我们其实并无法确定避孕药是否真的对这两组女性之间所观察到的差异造成了影响。此外，我们也很难得知在这两组女性之间所观察到的任何差异是否也会受到“已经服药一段时间”“刚刚开始服药”，或者是“刚刚停药”等因素的左右，因为研究人员并没有考量这些女性在整个伴侣关系中的用药状况。

为了找到这些问题的答案，另一组研究人员花费了1～4年的时间对两组已婚夫妻的样本进行了追踪和观察，并对收集到的数据进行了研究分析。研究人员掌握了样本中的女性在选择伴侣时是否有在服用避孕药、之后是继续还是停止服用避孕药，以及是否因此而感受到任何在性爱以及婚姻满意度上的变化等相关信息。

这些研究人员所发现的第一件事是，当初在选择伴侣时没有服用避孕药的女性，在后来开始服用避孕药后，她们的性满意度呈现出了下降的态势。我们将在下一个章节中更详细地来讨论这个问题，但鉴于避孕药中所含有的人造荷尔蒙对女性性欲所产生的影响，我相信应该每个人都可以预料到这样的结果。然而报告显示，这些女性的婚姻满意度并没有因为开始服药而有所改变，这表明，服用避孕药也许会降低女性的性生活品质，但并不会因此而伤害到她们对其伴侣，或者说对这段关系本身的感受。从性生活方面来讲，她们的感受一定是大不如前，不过若放到更大的格局中来看的话，这样的结果显示，在一段关系开始之后再开始服用避孕药，还不足以引发海啸级别的影响而对伴侣之间的关系基础造成永久性的破坏。

重点结论（第一部分）：从不服药到服药——性满意度也许会降低，但倘若你很喜欢避孕药所带来的其他方面的便利，总是有很多方式可以解决这个问题的。

那么，那些原本在服用避孕药而后来停掉了的女性呢？她们又会产生怎么样的变化呢？

从纯生理的角度来看，我们应该可以预期，当这些女性停止用药时，她们与伴侣之间的关系在性爱这个方面的满意度应该是有所上升的。正如我之前提到过的那样，避孕药中所含有的荷尔蒙成分在调节性欲及性联结的方面可能会造成问题。因此，在服用避孕药期间与伴侣相识、后来又停止用药的女性——当其他条件都不改变的情况之下——应该会得到在性满意度上的提升。

然而，这项研究结果却发现，一切并没有按照他们所预测的那样发展。实际上，事实正好相反，这些女性的性满意度反而呈现出下降的态势，这似乎毫无道理。究竟为什么明明已经停药了，可这些女性的性满意度依然会下降呢？

尽管我们还无法得知确切的原因，但有数据表明，这样的效应可能与以下事实相关：虽为同一人，但服药版本下的

“她”与未服药版本下的“她”，对想发生性关系的男性类型的渴求也许是不同的。要记得：服用避孕药的女性不会表现出在自然周期女性身上可以观察到的那种对男性阳刚之气的特别偏好，她们喜欢更圆润、更女性化的面孔。如果这个男人是她在服用避孕药期间所选择的伴侣，那么很有可能当她停止服药后，那个停药版的她就会对这个男人缺乏“性”趣。尽管这样的解释听起来可能会令人感到不安，不过它的确在这些女性停药后婚姻满意度的变化模式中有所体现。在这里，研究人员发现，停止用药会导致女性婚姻满意度的变化，然而这些变化到底是正向的还是负向的，还取决于她们的丈夫究竟有多大的吸引力。

考虑到与自然周期的女性相比，服用避孕药的女性对男性所流露出的有关性感方面的线索更缺乏敏感度，研究人员怀疑，丈夫的吸引力可能同样会对婚后才停药的女性在婚姻关系上的满意度造成一定的影响。为此，他们把这两项研究中所有男性参与者的面部照片全部按照吸引力高低来进行评估，进而测试这是否会对女性停药后在婚姻关系上的感受有所影响。结果他们发现，丈夫更有吸引力的女性，在停药后其婚姻满意度比起服药期间有所上升；而另一方面，那些丈夫本身没那么具有吸引力的女性，其婚姻满意度则在停药后有所下降。

这个结果告诉我们，如果服用避孕药的女性能在一开始就以设法某种方式得到一个有吸引力的男人的欢心并与之建立关系（尽管她并没有把吸引力当作优先考量的因素），一旦停止服药，她们对婚姻的幸福感反而有所提升。如果我们突然间意识到我们的伴侣竟然还拥有一项这么加分的特质，而在此之前我们对自己有这样的需求浑然不觉，我想我们每个人应该都会为此而备感惊喜吧。而另一方面，那些没有这么幸运的女性——她们甚至想都没想过与一个帅哥邂逅进而陷入一段火热的感情之中的画面——一旦停止用药，她们对伴侣的满意度会有所下降，因为“性”这件事对她们而言，现在开始变得越来越在意了。

有意思的是，自打我开始起草这本书以来，有一些新的科研项目正在研究女性的面部偏好或是两性关系满意度之间所存在的差异是否与她们的服药状态存在着某些关联之处，然而可惜的是，到目前为止，科学家尚未找到有力的数据证明。不过这就是科学的工作方式，通过科学来了解世界的方式，就像是遵循一系列曳步舞的舞步那样，先是向前几步，接着可能会后退几步，然后又向前迈进更多步……然而这并不意味着你需要忘记刚刚我所说的这一切。相反地，这只是意味着我们仍处于科学研究的初期阶段，所以你可能只需要把这些结果当作是初步的认知就好了。关于避孕药对女性面部偏好及两性关系满意度的影响，要等到一个可靠的确切答案可能会花上很多年的时间。而要想了解这些影响是否根据女性所服用的避孕药中含有的荷尔蒙成分的不同而有所差异，我们可能还需要等上更长的时间（我严重怀疑这一点就是导致前后矛盾的结果的关键因素）。在那之前，你可以先运用这些信息来帮助自己了解你在伴侣关系中所寻求的究竟是什么。每个女性的避孕经历或多或少都会与他人之间有着些许的不同，因此唯一能告诉你这些结果对你而言是否有意义的人，就只有你自己。

气味及感官灵敏度

服用避孕药可能会改变女性对伴侣身上特质考量的优先性。由于服药的女性不会排卵，她们就不会经历排卵前的雌激素激增，而这又会让女性增加对男性遗传品质标记的关注。因此，服用避孕药——至少——可能会降低女性在择偶时对伴侣性感与否的重视程度。并且，人们很容易认为这样的转变之所以会发生，是因为服用避孕药的女性有意选择将性感抛诸脑后，采取一种理性而非以貌取人的择偶方式。在这种情形下，服用避孕药的女性会淡化伴侣的性感程度在这段关系中的重要性，因为她们选择了优先考量与照顾相关的特质，这恰恰反映了避孕药所模拟出的孕激素主导时的荷尔蒙水平。

然而，神经科学和心理物理学的研究表明，服用避孕药的女性缺乏对“性感”以及“遗传品质标记”的偏好，实际所产生的影响可能远比简单地“拿这个换那个”这么表面的交换要深刻得多。这些研究表明，服用避孕药的女性并非明明注意到了却仍然选择有意忽略这些差异，而实际上很有可能是她们根本就没意识到这些差异的存在。避孕药可能会通过某种方式削弱服药女性在感官上的敏感度，使得她们无法分辨具有高品质遗传标记与不具有这样特质的男性之间的区别。

例如，在一项研究中，研究人员测量了女性受试者对6种不同气味的敏感度。这当中有三种气味——薄荷、玫瑰和柠檬——与性爱或择偶没什么太大的关联（除非你喜欢薄荷拐杖糖之类的东西）。另外三种则是大家普遍认为在女性区分高品质与低品质伴侣中可以起到关键性作用的气味，一种是麝香气味剂（类似于男性会散发出来的天然体味），另外两种则是睾酮代谢物：雄烯酮和雄甾酮。研究人员测量了三组女性群体对每种气味类型的感官敏锐度，这三组女性群体分别是：服用避孕药的女性、处于自然排卵周期中滤泡期（雌激素占主导地位）的女性，以及处于自然排卵周期中黄体期（孕激素占主导地位阶段）的女性。

涉及与“性”无关的那些气味时，这三组女性群体之间并没有什么差异性。服用避孕药的女性与另外两组经历自然周期的女性对薄荷、玫瑰以及柠檬的气味都一样敏感。然而在测试与“性”有关的那些气味时，服用避孕药的女性与其他两组经历自然周期的女性之间就出现了明显的差异。自然周期的女性对麝香与两种睾酮代谢物的气味敏感度要远远高于服用避孕药的女性。那些服用避孕药的女性一直到气味浓度达到相当的程度时才开始有所察觉。后续的研究分析发现，服药者与未服药者之间最明显的差异，存在于服药者与处于自然周期中滤泡期（高受孕风险时期）的女性之间。女性在黄体期对这些气味都没那么敏感，其敏感度阈值变得与那些服药的女性更为接近（虽然从未达到过相同的最低点）。

尽管你的嗅觉会受到性荷尔蒙（无论是你自身的还是避孕药中的）的影响这一说法听起来似乎有些令人惊讶，然而当我们仔细想一想你体内不同感官系统的运作方式时，就可以发现这其实是很有道理的。这些系统（包括你的嗅觉、听觉、视觉以及味觉）的主要职责，就是注意并区分环境中的不同事物，以便你可以将这个世界以各种有意义的类别去进行划分，例如：好/坏、冷/热、接近/远离。你的感官越灵敏，你就越能发觉属于同一刺激类别中的事物之间的区别。[1]举例而言，倘若你拥有灵敏的味觉，就更容易品尝得出卡本内苏维浓与卡本内弗朗这两种葡萄酒之间的差别；而如果你拥有敏感的听觉，就能分辨得出音乐中音符C与音符D之间的区别（以及升号A和降号A之间的区别）。

现在，了解了感官系统的运作方式，我们就可以理解为什么这些系统会对性荷尔蒙的存在如此敏感了。因为处于相对高水平的雌激素会告诉我们的身体，它正在运行“受孕是可能的”软件程序，因此大脑在这个时候就会竭尽全力去提升我们的感官系统在区分高品质男性与低品质男性上的能力。还记得吗？选择进化的过程——那个将你以及你身上所有让人赞叹的特质设计出来的过程——其魔力的发挥是基于帮助促进繁殖的这一特质而延续下去的遗传过程。也正因如此，在众多异性之中区分伴侣（以及他们所携带的基因品

1　当然了，这里面也会有后天学习的成分。实际上你可以通过经验的累积以及一些专门的辨别训练来提高自己区分刺激的能力。比如，如果你去上了一堂品酒课，你就可以训练你的大脑去分辨卡本内与马尔贝克这两种葡萄酒之间的差别（以及一瓶9美元的马尔贝克与一瓶150美元的马尔贝克之间的差别）。这种训练将会导致你的大脑中负责品酒这一区块的突触连接数量大增。是不是很厉害呢？让我们为你的大脑干一杯吧！

质）就成了你的大脑在所有将要执行的任务中最具价值的那一项功能。尤其是当受孕成为可能的那个时期。这里我们所谈论的，是会左右你选择怎样的基因来与你自己的基因相互结合的决定。而它，将成为决定你在进化之路上命运走向的终极之神。我向你保证，这可绝对不是自然选择法则闲来无事跟你在这儿瞎扯淡的那种事儿。[1]

当体内雌激素水平处于高位、受孕成为可能的时候，我们的大脑在此时将会投入所有可利用的资源，以求最大化地区分高品质与低品质伴侣的能力，这是非常符合进化的逻辑的。在高受孕概率时提升感官提示的敏感度，可以让女性在择偶这件事上获得明显的优势，帮助她们区分谁是成熟的男人，谁只不过是个毛头小子。鉴于研究展示了女性对男性声

1 如果你不相信这一点，想一想雄性的红背蜘蛛。这些雄性生物常常还在“爱人”体内的时候就会让爱人活活地把自己给吃掉！它们之所以会这样做，是因为当雄性蜘蛛允许雌性蜘蛛吃掉自己的时候，受精的可能性实际上反而会大大增加（笔记：显然，伴随着被蚕食的痉挛性抽搐会使得精子可以更深入地渗透到雌性的体内——不孕不育症专家）。会这样做的雄性蜘蛛从它们的父辈那里继承了这种会置自己于死地的怪癖，携带这种怪癖的基因在一代又一代的雄性红背蜘蛛身上传承下去，其基因数量远比那些更安全也更普遍的性行为结合所产生的基因副本要多得多。当基因特质需要经受选择进化的磨炼时，“性”几乎永远都会占上风。即便这样会置你于死地。

音及面部特征偏好的周期性变化，因此很有可能在不久的将来，我们就会发现，女性的性荷尔蒙同样也会增加她们对视觉以及听觉的敏感度。在受孕成为可能的那段时间里，你的大脑应该是最聪明也最敏感的。

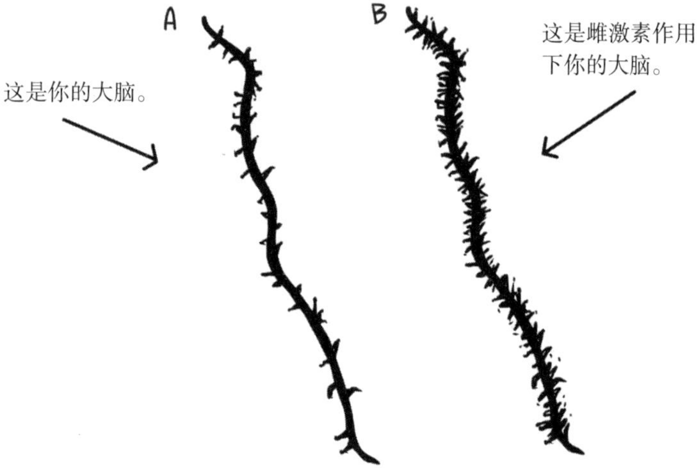

雌激素存在与否时女性脑细胞树突棘数量差异的视觉呈现。

这种认为女性的大脑在高受孕概率时应该全速运转的想法，得到了神经科学领域相关研究报告的支持。研究表明，雌激素在女性大脑内的多个区域都起到了类似肥料一样的促进作用。尽管我们通常都会认为大脑是一个相对稳定的实体，不太可能会在数周或是数月之内就发生什么翻天覆地的变化，可实际上它是一个相当动态的系统，一直在持续不断地发生着改变。目前已知在这场动态的变化中扮演着关键作用的角色之一，就是雌激素的存在。对众多关键的脑细胞群落而言——包含那些参与嗅觉、学习能力以及记忆力的细胞——雌激素的作用就像是美乐棵[1]，刺激大脑长出新的联结（参见上图），并使它们更容易兴奋，对周围环境的反应更加灵敏。因此，对大脑而言，在怀孕成为可能的时间里，雌激素推开了春天的大门，万物都以它最绚丽的形态绽放开来。在这样的作用之下，大脑对环境的敏感度自然大大提升。而随后，当雌激素的分泌水平开始下降，这些联结则会退缩到它们的休眠状态，迎来荷尔蒙的寒冬[2]。

1　美国知名肥料品牌。——译者注

2　受孕概率与感官敏锐度之间的关联，也可以通过观察感官敏锐度在人的一生中的变化得以证实。举例来说，人类在大约65岁的时候，对声音的敏感度会下降超过30分贝。我们在其他的感官上也可以观察到同样的模式，比如我们的视觉以及嗅觉敏锐度。这就是为什么随着年纪的增长，人们逐渐开始戴上老花眼镜，讲话也越来越大声，喷的香水也越来越浓了。在你想指责我固守成规、存在年龄歧视的刻板印象之前，请先容我补充一点：我们在鸟类以及其他的动物身上也观察到了同样的模式（关于对鸣鸟在这方面的调研报告，我可以和你一直讲到天荒地老）。我们的感官系统最重要的工作之一，就是帮助我们区分什么是我们想要的基因，什么不是——以确保我们的感官系统对我们的性荷尔蒙以及生殖状态处于高度敏感的状态。

所以，尽管服用避孕药的女性与自然周期的女性相比，很可能只是单纯地没那么在乎那些高品质基因的特质线索（相反地，她们可能更重视赚钱的潜力、照料家人的能力抑或诙谐的谈话方式），然而我们也不能否认，有可能这些服药的女性根本就没有注意到这些拥有优良基因标记的男性与非优良基因标记的男性之间的差别（或者也可能两者兼而有之）。而正因为她们没有注意到这些标记，她们自然也就不会对他们表现出偏好。由于服用避孕药的女性的大脑永远都处于荷尔蒙的冬眠状态，她们的感官敏锐度很难与经历自然排卵周期的女性大脑一样，对基因品质以及兼容性的特质线索保持敏感。

无论出于何种原因，如果女性在服用避孕药期间选择了她们的伴侣而后又停止了服药，这些差异都可能会为她们带来潜在的麻烦。先撇开这世界上千千万万个奥利维亚和安娜丽丝所遇到的问题不谈，如果我们认真对待这份关于女性在择偶偏好上的周期性变化的研究报告就会发现，排卵有助于我们增加对男性优良品质的偏好，而这将有助于促进我们基因的持续复制与传承。我们的择偶偏好中存在着与生俱来的智慧——它有助于引导我们找到那些拥有更加健康也更具兼容性基因的男性——而这就引出了这样的一种可能性：服用避孕药时所选择的伴侣，可能会存在生殖方面的问题。

严重警告：以下内容，纯属臆测。

如果说我们天生就更倾向于选择基因与我们相匹配的男性的话，那么对在服用避孕药期间与伴侣相识的女性而言，想怀孕可能就更加不容易了。女性的身体在允许胚胎着床之前，会先对其健康状况进行筛选（想起来我们在第1章中所谈论的那些可怕的过程了吗？）。因此，如果服用避孕药的女性比没有服用避孕药的女性在选择基因不相容的伴侣上所要承担的风险更大，那么，“在服药时选择伴侣的女性可能比没有服药的女性更加难以怀孕”这个观点，就有它存在的道理。我们将在第9章中更详细地讨论这种可能性。但是就目前而言，当你考虑这项研究结果对在服用避孕药时选择伴侣的女性来说究竟意味着什么的时候，我希望它能给你一点小小的启发。

如果我们用“先辈的智慧”来做出择偶的判断，那么第二种可能性就产生了：在服用避孕药期间选择伴侣的女性所生的孩子，将比那些没有服药时选择伴侣的女性所生的孩子更不健康。尽管有关这方面的研究甚少，但最近的一项研究表明，在服药状态下选择伴侣可能会预示着未来你的孩子会出现更多健康上的问题。在这项研究中，研究人员对192位拥有一个1~8岁孩子的母亲进行了一项调查。他们给了这些母亲一份包含23项问题的问卷，询问她们孩子的身体健康状况，以及是否在服用含有荷尔蒙的避孕药期间与孩子的父亲相识。虽然大多数女性受访者都表示她们是在没有服用避孕药的期间与孩子的父亲在一起的，但其中仍然有三分之一的女性说她们当时正在服用避孕药。研究人员比较了这两组夫妻所生孩子的身体健康状况，发现服药期间在一起的夫妻所生的孩子，其身体健康状况整体而言都相对较差。他们的孩子更容易受到感染，感知健康较同龄人差，在过去的三个月以及一年中去看医生的次数更高，与那些在没有避孕药的影响下相识的夫妻所生的孩子相比，他们明显更容易生病。

考虑到这项研究只不过是对理解服用避孕药是否会对生殖结果造成差异的一次试水而已，我们对这一观点需要保持谨慎的态度。毕竟这两组孩子之间所存在的差异可能来自千百万种不同的因素，其中也包括长期服用避孕药的女性与那些没有服用避孕药的女性之间的既有差异。例如，也许服用避孕药的女性是为了解决不规律的排卵周期问题才服药的，而这本身就与她们自身的身体状况不佳有关。或者她们的年纪比较大，因为通常长期服用避孕药的女性都是为了在生孩子之前先拼自己的事业。甚至有可能这些长期服药的女性就是更倾向于思考与健康有关的事情，因此会更容易察觉到自己孩子身上的疾病问题。这些目前都还没有办法确定，我们还需要很多必要的相关研究来验证这些猜测。

那么如果你是在服用避孕药期间与你的伴侣相识的，此刻你是否需要为你（未来）的孩子的健康状况而惊慌失措呢？

干脆一点的回答是：不需要。对在服药期间选择伴侣是否会增加女性与其伴侣不孕或是孩子身体出现健康状况的风险，我们还尚未可知。而且即便最终的研究找到了表明这些风险存在的确凿证据，也绝对不会严重到天塌下来的地步。已经进行的关于在避孕药的作用下被选中的伴侣的一项研究表明，服用避孕药只是可能会增加女性选择一个基因相容性较差的伴侣的风险而已。这就好比是食用加工食品会增加你罹患2型糖尿病的风险一样。了解这些事情并认真看待它们是好的，但这绝不意味着如果你在服用避孕药期间选择了你的伴侣，你的人生就彻底搞砸了（这就像你吃的饼干比胡萝卜多，还不是活得好好的，同一个道理）。这就是一条很有用的信息而已——一个你值得去了解的信息——当你在思考要不要服用避孕药以及如何选择长期伴侣的时候，希望它可以帮助你做出更好的决定。

这就引出了第二个重点结论。

重点结论（第二部分）：从服药到不服药——其实没什么好惊慌的，只是你可能需要审慎而为之。尽管关于避孕药如何影响择偶的方式尚未有定论，但如果你是在服用避孕药期间遇到你的伴侣，那么在做任何永久性的决定之前，先停药看看你对伴侣的感觉会不会发生什么变化，这样应该也无伤大雅。[1]让这两组荷尔蒙都有机会带着你的长期伴侣来上一场试驾体验，将会大大减少在你说过“是的，我愿意”之后又出现任何不愉快的惊喜的可能性。

1 不过，看在上帝的分儿上，请你务必在可以通过其他的方式来保护自己免于一场意外怀孕的前提下做这件事。对你而言，在错误的时间点与错误的男人有了孩子，要远比你在服用避孕药期间选择了他而可能遇到的种种问题要糟糕得多。这就是为什么，如果你正在寻找一个长期稳定的恋爱伴侣，那么在开始这段关系之前先停掉避孕药可能会是一个更好的选择。这可以帮助你最大限度地降低你挑选到一位在自然周期下的荷尔蒙可能会强烈反对的伴侣的风险，此外，一旦你们发展到性关系的阶段，这样做还可以保护自己免于过早怀孕。不过如果你所寻找的并非长期稳定的伴侣，而只是想在不怀孕的前提下保留自己可以想“做”就“做”的可能性的话，那么你大可全然忘掉你自然周期下的荷尔蒙的欲望，你要做的就是确保自己的安全就好。

如果你会为此而感到恐惧或沮丧

听着，我理解你的感受。避孕药可能会影响你对伴侣的选择，这听起来就让人心生恐惧，因为这意味着未来还会有很多麻烦在等着你。不过话说回来，伴侣之间的关系一直都是令人恐惧的，不是吗？这里顶多也就算是“锦上添花”罢了。无论你是否是在服用避孕药期间选择了你的伴侣，你也总是会用一套优缺点去换取另一套优缺点的。如果你在服药期间选择了你现在的伴侣，这并不意味着停药后你们的伴侣关系就会分崩离析，也不代表你们之间的基因就一定是彼此不兼容的。它也不一定意味着你怀孕的概率会很低，又或者你们生的孩子就一定是不健康的。大多数在服用避孕药期间选择伴侣的女性，其实都没有什么后续的问题出现。我们只是需要注意，她们中的一部分人的确会遇到这样的问题。而尽管研究表明，避孕药可能会影响女性在选择伴侣时所做出的利弊权衡，但其实这些权衡一直都是她们的考量范畴——只是以前她们并未察觉到而已。

同样值得注意的还有，除了我们身边每一个类似奥利维亚和安娜丽丝这样的情况之外，其实有很多在服用避孕药期间选择伴侣的女性并没有遇到这样的后果。很多关于她们与避孕药之间的故事都是“我在服用避孕药期间选择了我的伴侣，而后来停掉了。但我现在的生活几乎与那个时候一模一样，没有什么变化”。对另外一部分在服药期间与伴侣相识的女性而言，停药实际上还提升了她们与伴侣之间的关系满意度。

事实上，尽管在服用避孕药时选择伴侣可能会增加你们在某些类型的关系上出现问题的风险，但同时它也会大幅降低你们在其他方面出现问题的风险。举个例子来说，服用避孕药可以降低女性因为财务需求或是意外怀孕而不得不结婚的风险。虽然目前还没有比较在服药期间选择伴侣的女性与出于财务需求或意外怀孕而选择伴侣的女性的两性关系满意度的相关研究，但我敢和你打赌，前者一定比后者更快乐。服用避孕药让女性拥有更多机会可以慢慢花时间去挑选自己的真命天子，同时还可以让她们实现自己的职业目标，进而减少在经济上对男性的依赖。而这两点都有助于提升女性找寻满意的伴侣关系的能力，它们让女性更有底气去跟那些无法满足自己需求的关系说再见。因此，从宏观的层面上来看，避孕药对女性的伴侣关系以及婚姻满意度所造成的影响，无疑是利大于弊的。

了解避孕药在选择男人的过程中所发挥的作用，就意味着你可以选择成为你想成为的那个自己，以及什么才是你心中的理想伴侣身上最重要的品质。这就是赋权。无论你是否在服用避孕药，你都可以选择接下来要按照什么样的剧本走下去。

第6章　避孕药作用下的性

如果你在服用避孕药，这说明你的性生活很有可能是相当活跃的（或者至少应该是对性生活充满渴望的）。毕竟，它们叫作“避孕”药嘛，所以它们最擅长的事情，就是防止你在各种各样……或者是幻想拥有的性生活中不慎怀孕。鉴于避孕药成了促进性行为的重要推手，说不定它会成为我们这个时代最伟大的讽刺之一，因为它也有本事让女性彻底对性失去兴趣。它甚至还会影响你的伴侣对你性感程度的认知。

我们来看一看发生在凯蒂身上的故事，那时她22岁，和男朋友认真交往了6个月后，她决定开始服用避孕药，因为她十分痛恨戴着套套做爱（她的男朋友也不怎么喜欢），而且她和男朋友常常发现当他们想“大干一场”的时候却忘了准备必要的安全措施。这样的结果，通常就会导致一场“做爱——懊恼——再加上一趟去药店购买事后避孕药”的旅程。凯蒂真的很讨厌事后避孕药，它又贵又容易让她觉得不舒服，更糟糕的是她还要自己走到药店里去“带它回家”。虽然她并不因为与男朋友做爱而感到羞耻，但她觉得药剂师（至少有107岁那么老了，而且大概认为凯蒂应该会下地狱）总是在用异样的眼光盯着她看。在经历过太多次这种不愉快的体验之后，她终于下定决心开始服用避孕药了（这一次她决定选择另外一家药店来购买避孕药，谢天谢地）。

可是在服药后不久，凯蒂就注意到她对“性”好像没有以前那么感兴趣了。这种感觉是逐渐发生的，但是在一次非常明确的“她就是不想要”后终于到了一个顶点。而当被这样的感觉缠身时，她真的很难说服自己跟男友做爱，即便其实她也想要做爱。她实在是想不通，为什么她可以设法去做其他她原本不想做的事情（比如她愚蠢的会计功课），但就是没有办法心甘情愿地跟自己所爱的男朋友做爱而不会感到难过。她讨厌自己无论怎样都无法迈过去这个坎儿，甚至认为她的男朋友很可能会因此背着她另寻新欢或是跟她分手。

可她就是对“性”毫无感觉，觉得如果性不是人们理所应当要做的事，这个世界说不定会更加幸福。

凯蒂和她的医生讨论了她性欲减退的问题，因为她想知道有没有什么办法能让这么糟糕的事情变得好一些。凯蒂的医生告诉她，避孕药有可能就是问题产生的原因之一，不过长期关系中的情侣在一起一段时间过后，性生活的频率变少也是很正常的事。他告诉她，如果她想建立一段长期的伴侣关系，就要学着接受自己的“性”趣缺乏。凯蒂觉得她的医生或许是对的。这的确是她有史以来最长久的一段恋情了，而也许这才是问题的症结所在。自从服用避孕药以来，除此之外她再没有感觉自己的生活有什么其他方面的不同了。凯蒂就这样离开了医生的办公室，认真地以为问题的关键可能只是两个人相处的时间太久了。

在那次看医生后不久，凯蒂真的就和她的男朋友分手了。那时，她刚刚开始一份新的工作，没什么心思约会，因此她停掉了之前一直服用的避孕药，专注于工作。停药后她唯一注意到的不同，就是她每次月经来的时间变得非常不准。

然而这一切都在她停药数月后的某一天，在上班途中与前男友相遇的那一刻，彻底改变了。

当我见到他的那一刻，我感觉自己好像被闪电给击中了。他简直是太性感了！靠近他的时候，我感觉自己的整个身体就像是触电了一般。我简直不敢相信自己曾经怎么会不想和眼前这个如此帅气的男人做爱。于是我们开始交谈并互传讯息；没过多久，我们就重新在一起了。这是两年前的事儿了，而从那以后一切都变得非常美好。尽管我们之间的关系并不完美，可是性欲能在一段关系中造成多大的差异真的是一件超级疯狂的事。现在我装了铜质宫内节育器，我们两个人的关系就变得更加轻松了。我简直不敢相信我当时会认为自己缺乏性欲是正常的。当年我的医生与我讲话时的感觉，仿佛我是一个已经结婚50年的绝经妇女。可我当时只有22岁啊！我们的关系也才不过短短的8个月而已。我怎么会那么愚蠢呢？

当然了，不是每个服用避孕药的女人都是凯蒂，不过有类似经历的女性还真不在少数。[1]而这对女性的伴侣关系而

1　我们在黑猩猩的身上观察到一些非常有趣的现象，你会不会拥有与凯蒂类似的经历，在很大程度上可能都会受到你在服用避孕药之前与伴侣之间关系质量好坏的影响。尤其是，这些研究人员发现，雌性黑猩猩的性肿胀和性行为在服用避孕药之后都有所减少，但是这种减少的程度则与其服用避孕药之前与伴侣之间的社交以及性关系的品质直接相关。彼此之间相容性较高且交配较为频繁的夫妻，在雌性黑猩猩服用避孕药之后，仍然会继续交配（尽管交配的频率会有所降低）。而那些相容性较低且交配不频繁的夫妻呢？一旦雌性黑猩猩开始服用避孕药，它们就彻底停止了性行为。

言，可谓是一件大事。因为女性一旦性欲低下，很快就会演变成彻底的性冷淡。在性爱这件事情上，女人对“我不想做”的态度，可绝对比当她们要把碗碟都塞进洗碗机或是叠衣服时所说的“我不想做”要坚定得多。在自然选择的法则下，女性的性决策自带一种高冷的特质，而这种特质是我们在其他一样可能并不想做的事情上所看不到的。

在不想洗碗的时候仍然洗了碗，最坏也不过就是把我们的手弄得脏了一点，用洗手液和水就可以轻而易举地解决这个小问题了，做与不做，并不会对你的生活造成什么改变。然而，在你不想做爱的时候做爱，却可能意味着你不得不将至少9个月的时间花在一个你完全没有准备好要接受的孩子身上，更别说还得承担分娩可能造成的死亡风险，这可比你弄脏手要严重多了。正因如此，选择进化在设计我们的性心理之初，就植入了一片非常牢固的刹车踏板，使得女性很难说服自己去进行她们并不想要发生的性行为，即便她们希望自己是真的想要。对女性的大脑而言，我不想把碗碟放进洗碗机里的感觉就是我不太想洗碗这么简单，然而我不想做爱则意味着……我。就。是。~~不。想。~~做。爱。

如今的现代女性——即使我们正在服用避孕药，怀孕是不可能的——在我们的性心理中，依然保有着这样的一块刹车踏板。这是我们从先辈那里继承而来的万千智慧中的一环。对“性”做出坚定且明确的拒绝有助于我们的先辈避免在还没准备好的时候就怀孕，也会保护她们免受无故的性侵犯（很不幸，这是女性自古以来就不得不面对的事情）。然而，当女性经历性欲低下的状况时，她们与伴侣之间的关系也的确会变得紧张。她们会对自己感到沮丧，因为她们不明白为什么自己的大脑和身体都会对“在她们不想做爱（但是希望她们是想）的时候做爱”的这个念头如此坚决地抗拒。而男人们也会因此而感情受挫，因为他们无法理解为什么他们的伴侣宁愿去洗碗或者是叠衣服也不愿意和自己做爱。

无疑这也是一些像凯蒂这样的女性会觉得她们的医生并没有把她们在服药期间性欲低下这个担心太当回事儿的原因。毕竟长久以来，大多数医生都是男性嘛。而且很多男人——即使是那些非穴居人，真正愿意倾听女人心声的男人——也仍然无法全然理解对一个女人而言不想做爱究竟意味着什么。这是因为男性在性方面有着与我们截然不同的刹车踏板。[1] 从进化的

1 我承认，男性也会经历性欲低下的状态。这对男性而言可以说是一件大事，因为——除了不想做爱之外——男人们还不得不应对所有文化上对他们的期望，毕竟男性的性动机可以说是这个社会长足发展的源泉。而此刻可真不是一个好的时机啊。不过别太过担心，相较于女性，男性进入完全性封锁模式的可能性相对较低，即使是在他们不太想做爱的情况下。

角度上来讲，男人在做爱的过程中可以获得至高的满足却几乎无须付出任何代价。由于他们在生殖这件事上的最低投入水平都如此的微乎其微，所以即便是和他们并不真正喜欢的女人发生不良的性行为，也依然有可能成为进化之路上的一次胜利。也正因如此，即便当男人踩下刹车踏板时，也不太可能演变成和女人一样的那种彻彻底底的性封锁。

大量研究发现，服用避孕药的女性的性欲与经历自然排卵周期的女性相比往往更低。同时，研究结果还显示，比起没有服用避孕药的女性，她们的性生活更匮乏，也更容易在性行为的过程中出现疼痛或不适的状况。这种模式是在对比了服用或没有服用避孕药的两组女性群体（我们称之为“受试者间研究设计”），并观察了在开始服用避孕药之后个别女性性功能的变化（我们称之为“受试者内研究设计”）之后得出的结论。这些研究表明，服用避孕药——通常都是打着性的旗号——反而会对一些女性造成强烈的抑制性爱的副作用。

而它不仅可能让女性觉得她们不想做爱，甚至还会影响我们的大脑想接受强加于我们身上的性化思想的意愿程度。以一项研究结果为例，研究人员曾经让服用避孕药的女性及经历自然周期的女性在佩戴眼动追踪装置后，观看了上百张露骨的照片，他们想了解避孕药是否会对女性的“性趣”造成影响，即便只是在注意力的层面。因此他们向这些女性展示了一些有关夫妻之间各种性爱的赤裸照片，并将每一个人的目光追踪记录了下来。

结果他们发现了什么呢?

首先，研究人员发现，在他们的研究中，所有的女性大部分的时间都将目光直勾勾地停留在了对方的生殖器上。[1]这个结果让所有人都备感惊讶，因为即便是男人在观看这么露骨的照片时也不太可能会如此直接。男人——尽管背负着性堕落的“骂名”——在观看露骨照片时，大部分的时间也都是盯着画面中女性的面孔而已。所以没有人会料到，当对着这些照片来真格儿的时候，女人们的表现却比男人们更直接。

但她们的确就是如此。

而这，对我们，作为一个性别而言，是一个很重要的时刻。

除了发现这个小小的开场白以外，研究人员还发现在服药女性与自然周期的女性之间存在着注视行为上的显著差异。虽然两组女性的目光首先都落在了照片中的生殖器上（嘿，好了女士们，别乱看了），但服用避孕药的女性很快

1 有意思的是，周期的阶段性变化并没有对这些经历自然排卵周期的女性的观察模式造成影响。研究人员在三种不同的独立场合下对这些女性进行了周期阶段性影响的测试，结果并没有发现任何不同。

就会失去兴趣，然后开始看其他的地方了。而且她们的目光不太会落在图片中那些人的面部或是身体上，反而更容易游荡到照片中和性爱扯不上关系的其他地方去。她们的注意力更可能会被模特儿们身上的服装或是背景中的什么东西所吸引。这表明，服用避孕药的女性的大脑——即使是处于潜意识层面——和经历自然周期的对照组相比，依然比较不容易被与性爱相关的事物所吸引，她们会更快地回到更乏味的关注点上（……她是趴在一张维多利亚时代的贵妃椅上吗？天哪，要是它能摆放在我的客厅里那可真是太棒了……）。[1]

所以结论是，避孕药会让你的大脑丧失“性”趣，而这可不是好玩的事儿。实际上，这可能会给你带来难以置信的压力感。如果你发觉自己正处在这样的状况之下，请记得要对自己温柔一些。做女人已经够难的了，而要做一个提不起任何性欲的女人就是难上加难的事儿了。要清楚，你没有疯，也没有崩溃。在你与你的伴侣共同努力去找到最适合的避孕方式的过程中，请对自己（和你的伴侣）多一些耐心。尽管这条探寻之路也许会走得诚惶诚恐，但是请记住，你并不孤单。也

1　这就像奶奶常说的那样：“你可以将一个服用避孕药的女人的目光转移到生殖器上，但永远没办法让她们停留在那里。”

许解决这个问题的方案，不过就是换一位新的医生，或是换一种新的避孕药，又或者尝试一种新的避孕方式那样简单。

但事实又不仅如此。

你知道吗？性，并不仅仅是“性”。性还会涉及购物、化妆、健身以及创造力，还有一大堆其他你可能到目前为止还没想过的事情。因为究其根本，“性”是我们许许多多行为轨迹的核心出发点（你可以感谢进化为此所做出的贡献），所以避孕药所带来的改变，可能不仅仅局限于你在卧房里面的行为。接下来，就让我们好好来谈一谈这个观点。

性，不仅仅是“性”

尽管这听起来好像是一种极简主义者看待这个世界的方式，但说到底，性动机的确是我们做许多事情的核心出发点。[1]它可以说是为了奖励基因传承的过程而设计出的最让人嗤之以鼻的副产品之一。我们身上的很多特质——尤其是那些在高受孕概率时才充分展现的特质——都被作为人类本

1 如果你对这方面的话题感兴趣，我会推荐你去读一下杰弗里·米勒所著的《求偶思维》。他在阐述“性”与我们巨大的大脑、几乎无穷无尽的词汇量乃至创造与鉴赏艺术的能力之间在进化层面上的联结做出了巨大的贡献。

质的一部分而保留了下来，因为它们帮助我们先辈中的某一位成功地繁衍了后代。而这意味着，性动机——这个由我们的性荷尔蒙所负责协调的心理程序——与许许多多看似与“性”并无关联的事情有关。

说到这里，我们为了吸引伴侣而做的一些事情是相当明显的，比如，想方设法让自己看起来更有吸引力。尽管女性这么做有很多种原因，但其中之一，就是为了增加对男性的吸引力。这可不是我在性别歧视啊，这是研究报告告诉我们的结论。当女人企图吸引男人的注意力或是引诱她们已经拥有的伴侣时，大多数女性会做的第一件（也是最有效的）事，就是花更多的心思来打扮自己。例如，研究发现，女性的求偶动机是她们挑选服饰、化妆用品，乃至节食、健身以及使用日晒机等诸多行为的核心出发点。想花心思寻找伴侣，就得花心思让自己变美。[1]因此，如果说女性在穿着打扮上所花费的心思会因为服用避孕药而导致某种程度上的减

1 现在，要请你注意我在这里没有说的话。我并没有说这些行为都是由于你躺在一张舒适无比的沙发上，手放额头冥思苦想：“哦，我的上帝啊！我究竟要怎么做才能吸引到男人呢？我只不过是一个手无缚鸡之力的小女人而已，没有男人照顾我，我的生活就不完整了……”我相信我们中的大多数人都不会这样怨天尤人的。……相反，这里要说的是，在自然选择的法则下，我们被设计成需要依靠性动机的助力来推动我们增加吸引力的行为模式。

弱，也并非不无可能。

然而实际的影响可能比这更为深远。因为在那些不太明显的行为背后，“性”也依然是它们发生的核心出发点。

就拿音乐来举例吧。

音乐很有趣，因为它是一种全人类所有文化中都有所创造却并无明显生存目的的东西（你总不会认为吹响一支法国号就可以在一场牛羚的踩踏事件中杀出一条血路吧）。而这通常都是为了求爱而维持的一种行为标志。

与这种解释相一致的是，几乎所有可以创建复杂的声音信号的生物这么做的目的，都是为了吸引配偶的注意力。这就是为什么鸟儿会唱歌，吼猴会嚎叫，而欧洲马鹿会咆哮的原因。这些声音信号为辨别潜在的伴侣提供了一种良好的媒介，因为它们为雌性（通常它们都是有权利选择的那一方）提供了各种有用的信息，以帮助它们对雄性是否具备高品质基因做出判断。这是因为，韵律实际上是神经系统的一种产物。而比起那些组织不佳的神经系统，这些能组织得很好的神经系统就可以制造出更和谐，也更复杂的韵律。这就是为什么如此多的物种都会利用歌曲或是舞蹈这种韵律性的展示方式作为吸引配偶的一种手段。它们可以借此展示出自己的运动控制能力，以及它们的自信与创造力，而这些正是足以代表它们拥有高品质基因特质的标志。

我们没有理由认为人类会成为这一规则的任何例外。[1]鲸鱼、鹪鹩、青蛙、苍蝇、蜜蜂，以及人类所创造出来的韵律性的展示，全部都是为了向他们未来的配偶炫耀自己神经系统的功能。而雌性也的确会因此而关注对方。基思·理查兹[2]效应——一个拿着一把破吉他但拥有良好音乐技巧的家伙可以收获数之不尽的性伴侣——可绝对不是一句玩笑话。这就是几乎所有青春期的少男最终都想去学吉他的原因。一段表演精湛的韵律展示可以吸引伴侣。如果你不相信，那就去问基思吧。

现在，鉴于任何值得去做的求爱展示都会有一位能察觉这场精彩绝伦的表演中所流露出任何一点点蛛丝马迹的观众，那么我们应该也不难发现，女性对韵律展示的敏锐程度同样也与其在求偶上的努力有关。虽然这还是一个相对较新的想法（实际上我们现在正在我的实验室里对这个问题进行积极的研究），但我们有充分的理由去预测，受孕概率变高将会增加女性对韵律展示方面特质的敏感度。由于受孕的可能性

1 其他研究发现，在求偶上所做出的努力也是创造力、幽默感，以及勇于尝试新事物的核心出发点，而这些领域也都可能深受避孕药的影响。

2 基思·理查兹（Keith Richards），1943年生于英格兰，英国音乐家、唱片制制作人、词曲作者、歌手、吉他手，滚石乐队创始人之一。——译者注

变高，女性在分辨高品质与低品质展示方面的能力应该在这个时候更为明显，而在排卵周期中的其他阶段则应该相对较低。

说了这么多，那么这一切对服用避孕药的女性又意味着什么呢？好吧，在我们能确切得出结论之前，还需要对这个话题进行更多的研究。但是我认为，避孕药很有可能会影响女性直接吸引异性的意愿（比如让自己变美这一类的举动），以及她们对求爱暗示（比如音乐）的敏感度。

我之所以会这么讲，有如下几个原因：

首先，理论上来讲就是如此。性荷尔蒙是推动求偶努力的催化剂。而求偶的努力又会促使吸引异性的行为表现以及对求爱暗示敏感度的增加。因此我们不难想象，阻止这种本可以促进求偶努力的荷尔蒙的激增（无论是从释放卵子的角度还是想做爱的角度而言），也将会抑制同一动机途径上的行为分支。

其次，尽管我们还需要更多的数据支持来证明这一点，但是当谈及女性在服用及停用避孕药过程中的各种经历时，这个观点被提及的频率已远远超过我可以数得过来的次数了。我所采访过的许多女性都告诉我，她们注意到在停止服用避孕药之后，对自己的穿着打扮上的兴趣大大提升，而这与她们“性趣”的回归不谋而合。对一些人而言，这意味着她们又开始跑去服饰店买买买了，服用避孕药的这些年剪掉的头发也会渐渐留长；对其他人而言，这可能意味着对健康饮食以及健身重新萌生出兴趣；还有一些人，可能会因此而进行整容手术或是牙齿美白……现在，我还无法明确表示避孕药本身是否与这些改变的发生有任何的关联。就目前而言，这方面的证据都只是停留在对个人经历的观察层面。另外，我的意思也不是说忽略自己的欲望就是不好的。我们中的大多数人应该都会从“我才不在乎我的外表”中有所受益吧——只要这种认知别太过偏激。这只是当你要考虑你的选择以及过往的经历时，可能值得你去注意到的一些细节问题。

对我而言，最明显的变化，是关于音乐的。而那以后，我也在其他几位女性那里反复听到过这样的反馈。

这里先给你提供一些背景介绍：在整个高中一直到大学的早期，我都超爱听音乐，直到后来我突然就……不听了。那时候我从来没有质疑过为什么会这样，我甚至都没有注意到这样的改变。我就是不再听音乐了，在搭飞机或是开车的时候转而喜欢去听播客或者是全国公共广播电台中的节目。尽管对此我并没有什么完美的记录可以证明，但这段在收听习惯上的转变的的确确就发生在我开始服用避孕药后的那段时间。

接下来让我们把时间快进个十年（那是在我停止服用避孕药的几个月之后吧），我开始下载新的音乐准备在车上听，这绝对是好久都没在我生命里出现过的事儿了。我订阅了声田，还下载了潘多拉电台，直到一位朋友提及我在音乐上重新燃起的兴趣时，我才真正注意到这个事实。即便如此，我也只是认为，我重新爱上音乐应该只是刚好需要多一些的东西来听而已，因为那段时间我健身的频率比以前多了很多（就这么刚好也发生在那个时候）。虽然我无法百分之百地确定避孕药在其中是否插了一脚（你放心，我们也正在收集这方面的数据），但要是说它完全没有任何干系我还真不相信。求偶的努力以及对求爱暗示的敏感度是由性荷尔蒙来驱动的。因此我们有充分的理由相信——至少对部分女性而言——这些事情可能会在服用避孕药期间发生改变。

所以说，性绝对不仅仅是性。对实际性行为（比如做爱）欲望上的减弱可能就像是煤矿中的金丝雀，预示着女性的动机状态将发生更多不可控的变化。虽然很多关于这方面的思考都还在起步阶段，但是这些后果可能对你所造成的影响还是值得深思的。

抑制性欲的三大因素

那么，避孕药为什么会扰乱女性的性动机呢？

当女性在服用避孕药的时候，至少有三个因素会对她们的性动机造成干扰。而其中首要的，正是让避孕药能有效避孕的原因。

你可能还记得，避孕药通过抑制引发成熟卵子释放的荷尔蒙级联效应来发挥它的神奇魔力，完全就是赤裸裸的“没有蛋就没有种”的意思。然而不幸的是，如果你同样也还记得在第3章中我们所提到的，滤泡期雌激素的激增，作为这种荷尔蒙级联效应的关键因素之一，也是激起女性性欲望的重要角色。怀孕的风险与性动机是息息相关的，因为（让我们面对现实吧）自然选择进化的法则让我们别无选择。我们继承了促进先辈繁衍成功的基因特质，而在可以受孕的时间中，没有什么比做爱更能激励这件事的了。所以说到底，尽管雌激素激增的缺失的确能让阻止卵子释放做到万无一失，但它同时也会敲响你性欲低下的丧钟，因为这两者同样都是由雌激素所驱动的。服用避孕药的女性的雌激素分泌永远处于一个相对较低的水平，在整个周期中呈现稳定的状态，这意味着她们无法享受到在身体处于“卵子可被受精”模式下所自发产生的性欲提升。

那么接下来，另一个可能杀死你的性欲的原因，是它抑制了排卵以及在此之前的雌激素激增。这对避孕而言是再好不过的了，可是对性而言，却是有损无益的事情。

生物作用真可谓是一种残忍又无情的力量啊。

鉴于避孕药对睾酮分泌所造成的影响，它对你的性欲而言很有可能也不是什么好消息。虽然我们往往都认为睾酮是男人才有的东西，但其实它也存在于女性的体内。就像它在男人身上所作用的那样，睾酮对女性的性功能而言，也同样扮演着不可或缺的角色。它在性唤起以及性反应的产生中都占有一席之地，同时也是身体合成雌激素的必要条件，而雌激素又是驱动女性性动机的另一个重要因素……有相当多的研究都表明，避孕药可以导致女性的游离睾酮分泌水平（这是你的身体实际能利用的睾酮——你可以把它理解为是有用的睾酮）急剧下降。你想问，多急剧才算是急剧呢？这么说吧，大多数的研究发现，服药者的游离睾酮水平大约比经历自然周期女性的分泌水平低61%。

所以我会说，这绝对算得上是相当急剧了。

这种情况会发生在服用避孕药的女性身上，有如下几个不同的原因：首先，避孕药会导致卵巢和肾上腺的睾酮分泌减少。因为所有性荷尔蒙的合成都是由相同的垂体荷尔蒙所协调的，所以抑制这些荷尔蒙以防止排卵（避孕药就是这个原理）会干扰睾酮的分泌，几乎是毫无疑问的。这对服药的女性而言就像是当头一棒，睾酮分泌得少，就意味着可以到处游离的睾酮也不可能会多。

避孕药会导致女性的游离睾酮分泌水平下降的另一个原因，是药物中的荷尔蒙会导致性荷尔蒙结合球蛋白（SHBG）分泌水平的上升。[1]这种迷人的分子会与睾酮结合，然后使其丧失活性。所以，即便睾酮存在于你的体内，它实际上也毫无作为——就像英女王或是零酒精啤酒一样。通过提升SHBG的分泌水平，避孕药让更多服药女性体内的睾酮从生理上彻底歇菜。

而受到避孕药影响的，似乎不只是基线睾酮水平而已。女性对性爱方面的睾酮反应看起来似乎也会受到避孕药的负面影响。比如，在一项研究中，研究人员让女性受试者们观看电影《恋恋笔记本》中的一个爱情场景，或是其他三个与爱情或性爱无关的对照视频之一，然后他们测量了这些女性对每个不同的电影片段的睾酮反应程度值。对大多数女性而言，观看性爱场景的片段会导致她们睾酮分泌水平的上升。与大脑所做出的反应相一致，她们对空气中隐约嗅到的那一

1 研究表明，服用含有20~25毫克炔雌醇的避孕药的女性在SHBG的提升上，比服用含有30~35毫克炔雌醇的避孕药的女性要少。此外，避孕药中所含的孕激素属于哪个世代似乎也很重要，第二代孕激素所显示出的SHBG的提升最少，而第三代和第四代的孕激素所显示出的提升则最为显著。

丝性爱的气息也有所反应，下令释放出睾酮以帮助身体为可能到来的下一次性冲击做好准备。然而，对那些服用避孕药的女性而言，她们面对视频片段本该做出的睾酮反应却明显变得迟钝。尽管她们的睾酮起始水平本就明显较低，但依然无法掩盖她们反应变迟钝的事实。其他类似的研究报告也发现，服用避孕药的女性在面对性爱场景时的睾酮反应会有所下降。

虽然说这不是什么人命关天的大事儿，但不可讳言，睾酮于你而言的意义绝对不可小觑。体内缺乏可用的睾酮可能会导致你性欲下降，你对性唤起的反应也会相对减弱。除了造成你的性欲低下，低睾酮分泌还会导致你阴道润滑分泌物的减少，进而造成做爱时疼痛风险的增加，这些影响在激发性欲方面可不会有什么帮助。[1]而可怕的是（尽管不是以“让

1 说到有关睾酮的话题，我相信你应该已经相当清楚，服用避孕药的女性在这方面真的是两头都不得好。一方面，避孕药中的孕激素会与睾酮受体相结合，这会导致你的身体长出令人尴尬的毛发或是痘痘大爆发（这些都是睾酮分泌过高所造成的副作用）。而另一方面，它又会扼杀你的性动机，造成你在做爱过程中的各种疼痛与不适感（睾酮分泌不足所造成的副作用）。虽然导致这个残酷悖论的原因我们还未全然所知，但这很有可能意味着由睾酮衍生而成的孕激素会以一种与原本真正的睾酮结合全然不同的方式与女性体内的睾酮受体相结合。这就是为什么它们会导致你的身体产生一些与睾酮分泌相关的反应（比如多毛和爆痘），但不会产生其他反应（比如性欲）的原因。

我们惊恐并颤抖吧”的方式，而只是用一种“我们得认真对待这件事”的态度），一些研究表明，服药女性的SHBG分泌水平（就是那个会和睾酮结合并导致其失活的家伙）会在她们的体内持续升高，即使在她们已经停药后仍是如此。

因此，避孕药可能会导致你体内睾酮分泌水平的急剧下降，这对“性”而言是一场灾难。而这就是避孕药会对你的性生活造成伤害的第二个原因——甚至可能在你停药之后依然如此。

下一个关于避孕药可能对你的性欲产生干扰的理由，是因为深受一些关于服药女性与自然周期女性体内的催产素信号的新研究的启发，才被纳入考虑范畴的。

催产素也是一种荷尔蒙，它在调节性爱、维系感情，以及社交互动方面都起着绝对不可或缺的作用。当催产素被释放的时候，它就会告诉你的大脑，你身边的这个人——无论是你刚刚出生的婴儿，还是你最好的朋友，抑或是你的爱人——是你尤为珍爱并在乎的人，他的福祉会让你为之牵肠挂肚。正因如此，催产素在你与他人建立联结的能力上发挥着至关重要的作用，而其中自然也包括你的伴侣。当你望着伴侣的面庞时，它会像点亮圣诞树那样点燃你大脑中的奖励中枢，帮助你的大脑强化你心中的信仰：他，就是你的真命天子无疑（就像在美剧《绯闻女孩》中说的那样，真爱永存）。

它将你的伴侣与这世上所有其他的男人分割开来，并将他标记为那个“与众不同、出类拔萃、值得你忠诚一生”的人。

鉴于催产素有助于促进伴侣之间的浪漫关系，研究人员发现，如果你给某人注入一剂鼻内催产素，就会导致他们认为自己的爱人比他们所看到的其他人都更有吸引力。这就是我们前面所说的“将他标记为最特别的那个人”。此外，它还会导致大脑的奖励中枢——包括伏隔核，它是大脑的奖励通路中的关键性结构——在面对伴侣时被激活。

除非……你在服用避孕药。

当服用避孕药的女性被给予了鼻内催产素时，她们眼中的伴侣与使用催产素之前并无不同。在观看爱人的照片时，这些服药女性的大脑奖励中枢的活动也没有增加。相反，她们在观看爱人的照片时，可能就像是在看一个陌生人的脸庞。正常的生物过程对催产素的反应，可以帮助你将你的爱人标记为特殊人物并将他视为你的强心针（比如食物、性，或吗啡），而这些反应在服用避孕药的女性身上完全都不存在。[1]除了通过扰乱促进联结的信号通路来造成女性关系的破

1 虽然研究人员还不能肯定为什么会发生这种情况，但这可能是因为避孕药中的性类固醇与大脑中正常的催产素作用产生了拮抗，或者与催产素的受体相结合，从而使受体对催产素的敏感度降低所导致的。

坏之外[1]，我们还有充分的理由相信，这也会对性行为产生干扰作用。情感上的亲密感和依恋度可以说是性反应的润滑剂，尤其对女性而言，服药女性的催产素信号失调可以被认为是性欲低下的另一个潜在的罪魁祸首。

最后，对非人类动物的研究实验表明，避孕药可能还会导致大脑中别孕烷醇酮浓度的降低。别孕烷醇酮是一种参与情绪与记忆的神经化学类固醇，同样也在激发性行为方面起到一定的助力作用。我们稍后在讨论情绪问题的时候会对此进行更详尽的讨论。就目前而言，值得我们注意的是，作为一种神经化学物质，服用避孕药后别孕烷醇酮浓度的降低，也同样可能对你的性欲产生负面的影响。

1　这项研究在解释“女性如果在分娩后不久就开始服用避孕药，会对其与婴儿之间建立联结的能力上产生怎样的影响”这个话题上也十分具有启发意义。比如，我们都知道，催产素信号在女性对婴儿的情感反应中扮演着重要的角色。然而就像之前关于伴侣面孔的研究中所发现的一样，研究发现，施用鼻间催产素也可以增加女性对婴儿面部及声音的反应。而如果催产素信号在服药女性对婴儿的反应过程中受到了干扰，这可能会增加服药女性罹患产后抑郁症的风险。虽然目前还没有任何实验性的研究来检验这种可能性，但是如果你本身就患有抑郁症，或是有产后抑郁症的家族史，我会建议你在考虑产后服用避孕药的问题上要格外小心。顾名思义，催产素信号就是催产素信号。如果避孕药会对反应爱人的信号系统做出干扰，那我实在是想不出任何理由觉得它不会对反应婴儿的信号系统做出同样奇怪的事情。

而且你知道吗？其实避孕药可能还有数十种其他的方式可以彻底扰乱你的性欲呢。

由于避孕药中的荷尔蒙可以轻而易举地操控人体全身上下数十亿个开关，所以我们对避孕药是通过何种方式对女性性功能造成影响的了解，要远远少于我们还不了解的。但即便我们还有很多领域要去探索，你依然可以利用目前已经掌握的这些信息，帮助自己对避孕药是否真的适合你做出判断。如果你深受避孕药在性爱方面所造成的副作用之扰，但却喜欢它所带给你的一切其他方面的快乐的话，那么就试着解决掉那个让你困扰的问题。解决方法可能很简单，或许你只需要调整一下性行为之前的那些前戏，说不定就可以帮助你重新启动对性的渴求。[1]又或者，你可能需要和你的医生讨论看看是否可以尝试一些其他品牌的避孕药。比如，有一些研究发现，第四代的避孕药（含有20或30毫克的炔雌醇都可以）对原本服用避孕药后在性生活方面产生副作用的女性而言可能会是一个不错的选项。这些研究发现，第四代的避孕药可能会有助于女性性功能以及性满意度方面的提升，并

1 这里你可以充分发挥你的想象力，这可能包括从按摩到沉迷于形形色色的商业色情中的任何一种。

且有可能会改善在做爱期间有疼痛史女性的不适感。它们可能不是什么灵丹妙药，不过至少知道有这样的选择可以去尝试也是好的。而我希望，当你读到这本书的时候，会有更多的选择可以供你参考。和你的医生讨论一下这个领域的最新研究进展（研究动态的速度绝对比你等一本书的出版要快得多），看看是不是有其他值得去尝试的选择。避孕和拥有愉悦的性生活并非水火不相容的两种憧憬，你值得同时拥有它们。

让男人提不起“性”趣的我

其实我们一直都在谈论避孕药是如何让你了无“性”趣的，但是研究表明，避孕药对与“性”有关的事情，其影响可能是双向的。也就是说，它也可能导致男人对你缺乏“性”趣。

这对大多数女人来说都无法接受。[1]

从第3章所探讨的研究中我们可以得知，排卵周期中的滤泡期（发生在排卵前、雌激素占主导地位的那个时间窗

1 当然啦，不是说一个女人的价值观要和她的魅力值相挂钩，但是我觉得大多数女性都希望成为我们可以做到的那个最佳版本的自己，对吧？而对我们中的许多人而言，这也包括感觉上让自己看起来处于最佳的状态。

口），通常是女性最为性感的时间段——无论是在别人眼中还是自己眼里都是如此。男性普遍会认为处于这一阶段（受孕概率高时）的女性，其脸庞、声音乃至体味都是最具吸引力的。而对女性来说，她们在这一时期的穿着打扮往往也会更加性感，行为动作也可能更加具有挑逗的意味。这是因为滤泡期的雌激素分泌水平会激增，这就相当于告诉女性的身体要使出浑身解数，让她们努力成为最性感、最诱人的那个版本的自己。

毕竟那些卵子并不会自己为自己受精，你明白的。

而由于服用避孕药的女性不会排卵，她们就会错过在行经期时这种纯天然的、完全免费的（绝对是经过认证的公平交易，并且还是有机的）性感提升剂。虽然这并非对每个人而言都影响重大，但对你却很有可能算是个大事儿。我们中的大多数人应该都会希望可以竭尽所能获得尽可能多的性感提升剂。而服用避孕药的女性却无法从她们的性荷尔蒙那里获得这个每月一次性感度爆表的机会。

所以，避孕药可能会让你在周期中失去一些性感的优势，因为你错过了雌激素激增的过程。然而，所有这一切如何在男性及女性的性动态中发挥作用，却可能很难去进行研究，因为……这么说吧，我们应该很少有机会可以在野外观察到人类的性行为。不过值得庆幸的是，有些人就是足够聪明，意识到可以通过观察和研究非人类的灵长类动物（猿类或是猴子这些不是人类但酷似人类的物种）的行为模式，来为我们的行为模式得出类似的推断和结论。于是我们给它们服用了与人类所服用的同样类型的避孕药。

没错：猴子吃了避孕药。

除了要预防在圈养的灵长类动物群体中的意外怀孕（这也是要在一开始就先给它们服用避孕药的原因），给这些灵长类动物服用避孕药还为一些有趣的研究奠定了基础——比如，雄性灵长类动物会对服用了避孕药的雌性灵长类动物做出怎样的性反应。很明显，这不是对人类行为的完美模拟，但我们仍然可以通过观察与人类最亲近的生物种族的“性放荡”，来部分了解有关男性可能会对服用避孕药的女性做出什么样的反应。

这项研究的结果显示非常一致，服用避孕药[1]会显著降低该雌性动物被选为配偶的可能性。例如，在雌性黑猩猩与恒河猴的观察中，服用避孕药会降低雄性想接近雌性求偶的

1 虽然在某些情况下，并不是避孕药本身，而是与避孕药类似的合成荷尔蒙药剂。

可能性，同时也会减少雄性性勃起的冲动次数。虽然你和我都可能会觉得后者是一种约会礼仪上非常严重的失态（尤其是在毫无预警或是说明的状况之下），但在雌性动物的眼中，这无疑是一种无与伦比的赞美，对它们而言，性勃起绝对是一件再浪漫不过的事了。我们在雄性食蟹猕猴（又称马来猴）身上观察到了更为夸张的性欲降低。虽然这些雄性猕猴看似并不排斥和哪种雌性发生性行为，但是当它们与服用避孕药的雌性发生性行为时，它们不会射精。它们才懒得射呢。这仿佛就像是它们拥有某种程度的意识，知道面前这个服用了避孕药的雌性就是一个生殖的死胡同一样，所以它们宁愿省下那些要靠射精来为它们的性行为画上一个句号所需要付出的精力，去做点儿其他的什么事不是挺好的吗？比如去找点儿吃的，或是去试试看能否可以虏获另一个会排卵的雌性伴侣的芳心。

有趣的是，对人类的研究表明，人类中雄性（也就是我们称之为“男性”的稍微没那么毛茸茸的猿类）也可能会根据其伴侣是否正处于生殖的死胡同状态，而改变其与伴侣之间的行为表现。

曾经有一项研究以一些新婚夫妻为样本，观察女性对伴侣的承诺程度与男性对伴侣的守护行为之间的关联。“伴侣守卫”是一个专业术语，用来描述人们在一段关系中为了防止伴侣的离开，而可能会采取的各种五花八门的行动。比如，当你的伴侣发短信问你正和谁在一起的时候，就是一种伴侣守卫；再比如每一次身旁有美女出现，你发觉自己都会下意识地牵紧你男朋友的手，这也是一种伴侣守卫行为的体现。我们之所以会进行伴侣守卫，就是希望在这个充斥着各种性诱惑再加上第三者常来挖墙脚的世界中，我们的伴侣关系可以依然保持完好无损。

那么正常来说，一方伴侣较低的承诺，会导致另一方伴侣守卫行为的增加。这应该很好理解。不能做出承诺的伴侣比可以做出承诺的伴侣更容易导致关系的破裂，所以当你的伴侣看起来无法对你们之间的关系做出承诺的时候，那么拿出你伴侣守卫的看家本领就是个不错的主意。而这正是对很多新婚夫妻进行了观察与研究后所得到的结论，对此我们应该不会感到太过惊讶。妻子对婚姻关系的低承诺，预示着丈夫伴侣守卫行为的增加。

而有一种例外，那就是……除非那位人妻正在服用避孕药。

对妻子在服用避孕药的男人而言，尽管他们的嫉妒心也会因为伴侣的低承诺度而有所增强（正如你所料，其他夫妻之间也会如此），但是他们的伴侣守卫行为却并没有随之增加。尽管这些男人的嫉妒心远高于那些伴侣承诺度更高的男人，但是他们却不太会采取什么行动去阻止自己的伴侣和其他男人在一起。意思就好像是，反正他们的伴侣空荡荡的子宫里也长不出别人的种，又何必多此一举劳神费心呢？这就和那群不会射精的食蟹猕猴一样，当雌性没有受孕的可能时，雄性似乎就会对它们的伴侣做出行为上的改变。自己的伴侣怀上别人孩子的风险相对较低，他们可能也会因此而减少伴侣守卫的行为。[1]虽然从某种层面上来讲这可能是件好事儿（它让你不必担心要面对一个专横跋扈的伴侣，以及因此而可能面临的家庭暴力和虐待），但在其他方面却不见得如此。伴侣守卫可以促进充满浪漫色彩的伟大行为的发生，让女性备感幸福与满足。

所以这里的重点是，服用避孕药可能会使你处于一种性

---

1 这个观点也的确得到了科学研究的支持。研究表明，男性的伴侣守卫行为对其伴侣在排卵周期中受孕概率的变化状况具有很高的敏感度。当然了，这些男人的伴侣守卫行为较少，也可能是因为他们的伴侣并没有发出可以生育的暗示，因此这些男人也就不必担心她们会被其他男人所觊觎。又或者他们比较不担心自己的伴侣会离开，是因为她们对性的欲望比较低，众所周知这本来就是服用避孕药会产生的后果。不过，它也有可能完全是另外一回事儿。不管怎么说，这都是一个相当有趣的观察，避孕药可能会以我们甚至还没想到的方式对伴侣之间的关系动态造成影响，这个话题还有很多值得我们去探讨的地方。

感劣势状态，因为它抑制了滤泡期雌激素的激增所带来的自发性的魅力提升。这一点点的魅力提升可能恰好就帮你抓住了一个陌生帅哥的眼球，说不定他会快闪带你去巴黎，度过一个你人生中最为美妙的周末。又或者，这可能是你希望避免的事，因为你有更紧迫的事要去担心，不想因为不必要的下一步或是伴侣保卫行为，抑或是（如果我们认真看待黑猩猩的研究报告的话）自发性性勃起等状况而饱受困扰。还有一种可能是，拥有还是消除这种周期性的美颜提升剂，可能根本不会对你的生活造成任何实质性的影响。但尽管如此，当谈到避孕药的时候，这些信息还是很值得你去了解的。你可以运用它来帮助自己成为你最想成为的那个版本的自己。

在我们结束“性”这个话题之前，还有一件事想说……

身为一名科学家，我时不时地会接触到一些我觉得有必要和大家分享的研究报告，而接下来要分享的就是其中之一。这项研究是关于一群雌性环尾狐猴在被注射了一剂含有第一代孕激素的避孕药（醋酸甲羟孕酮，简称MPA）之后所发生的事情。

我不想讲一大堆你不会想问的有关环尾狐猴的细节来烦

你，但以下三点还是很值得一提的：（1）我们是灵长类生物；（2）它们也是灵长类生物；（3）因为前两项，我们两者之间存在着许多的共同点：我们都是高度社会化的动物，都喜欢和朋友一起出去玩或是晒太阳，我们也都对气味的暗示具有高度敏感性。无论是在人类还是狐猴中，气味的暗示都为他人提供了比如身份、基因品质以及受孕概率等诸多相关的信息。这就使得狐猴成了帮助人类理解含有荷尔蒙成分的避孕药对女性嗅觉信号可能造成影响的理想动物模型。

在这项狐猴的研究中，工作人员对含有荷尔蒙成分的避孕药是否可能会破坏狐猴身上所自然散发出来的、用于识别彼此并借此选择配偶的气味暗示颇感兴趣。而且，与人类一样，释放这种独特又富含信息的气味暗示最浓郁的地方，就是它们的生殖器区域。考虑到人类的气味暗示会对伴侣的吸引力产生显著的影响，那么你应该也会想了解，雌性狐猴阴道分泌物中的化学物质组成是否也会因避孕药中的人造荷尔蒙而发生改变。

为了测试含有荷尔蒙成分的避孕药是否会对雌性狐猴的气味暗示造成影响，研究人员分别对雌性狐猴在注射了避孕药时以及未注射避孕药时其阴唇分泌物的化学成分进行了观察。观察同一组雌性狐猴注射以及未注射避孕药时的状况，可以让研究人员清楚地看到每一只雌性狐猴体内所发生的变化。他们测量了这些雌性阴唇分泌物中所存在的化学物质的“浓度”或是多样性，并对这些分泌物中每一种化学物质的相对丰度也做出了测量。

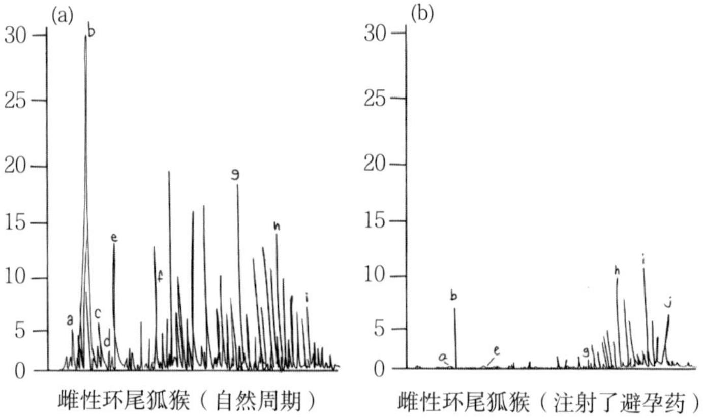

雌性狐猴阴唇分泌物中不同化学物质成分的数量（及其含量）与是否注射避孕药相关联。每一个字母对应着一种独特的化学成分。请注意，一些化学成分仅存在于注射了避孕药的雌性狐猴体内，而另一些则只存在于经历自然周期的雌性体内。

从上面的图中，你可以看出其中一只雌性狐猴化学成分色谱之间的差异。直方图中的每一个字母都对应着分泌物中所发现的一种化学物质。左边（直方图a）是未注射避孕药时该雌性狐猴阴唇分泌物中不同化学物质的多样性及其丰度，而右边（直方图b）则是它注射了避孕药后所呈现出来的状况。

如你所见，注射含有荷尔蒙成分的避孕药会导致雌性狐猴嗅觉中化学成分的数量大幅减少。此外，它还降低了构成它们气味的不同化学成分的浓度。其中有一种化学物质（用字母j代表）仅存在于注射了避孕药的雌性体内。同时，避孕药也消除了每只雌性狐猴独特的化学气味标识，取而代之的是一种随处都闻得到的"随机遇到的避孕雌性X"的气味。有趣的是，无论在排卵周期的哪个阶段，都没有在避孕雌性与自然周期雌性的通用化学标识之间找到任何的相似之处。相反地，它是避孕雌性身上所特有的，并将雌性散发出的气味之复杂性与其遗传品质之间原本牢不可摧的关系彻底拔除。

而这些变化，雄性狐猴都感受得到。它们明显对没有注射避孕药的雌性所散发出的气味表现出更多的偏好，无论雌猴处于高受孕概率还是低受孕概率的时期。

现在，我们需要考虑其中所要注意的一些细节问题。首先，我假设你不是一只狐猴。如果我的假设正确（我不会让你和我一起出洋相的），这意味着我们无法确定相同的模式是否就一定适用于你。其次，我们还需要考虑"这种情况适用于所有含有荷尔蒙成分的避孕药吗"？毕竟这些狐猴注射的都是MPA而已，因此这种模式可能只适用于这一种特定的孕激素的作用下也不一定。因此，我们也不能全然否定这项研究仅适用于（特地）被注射了MPA的狐猴的可能性。

不过，尽管这只是一种可能，但我还是想说，这样的怀疑是合理的。我们都知道，女性的性荷尔蒙会影响阴道分泌物的组成和气味；我们也知道，避孕药会改变女性的荷尔蒙水平；而现在我们还知道，被注射了含有荷尔蒙成分的避孕药的狐猴会经历阴唇分泌物化学成分的变化。因此我们应该也不难预测，避孕药会影响女性化学特征的独特性以及复杂性，无论是下体还是身上的其他地方，比如我们的皮肤，还有口中的唾液。只不过这是我们还无法确定的事情而已。你可以自己决定要不要认真对待这个问题，你也可以自己决定这对你意味着什么。如果想保留从你身上所散发出来的那独一无二的女人味，这可能会是个大大扣分的选项。但如果你是一个安于现状的女孩，希望你的阴道和阴唇分泌物的组成永远都不要有什么独具一格的表现，这可能就会是一个加分项。这一切对你意味着什么，完全取决于你是谁，以及你想成为谁。

第7章　皮质醇出走的奇幻旅程

应激反应是一件大多数人都不会花太多时间去思考的事情。我们好像没必要这样浪费时间。它是我们的身体美妙又稀有的特质之一，在我们无须想到它的情况下就可以正常运作。正如我们会自己呼吸、自己消化，也会在不知不觉中坠入爱河一样，就算了解了它的运作模式也不见得会让我们变得更好。我们的一生中要经历那么多林林总总的大小事，这真的是一种超级贴心的安排，大多数人应该都不会想去打扰它。

但正如你可能会猜到的那样，这里我要告诉你的是，长久以来我对自己的应激反应都采取一种“善意的视而不见”的态度，然而一个突如其来的意外却让我的态度发生了一百八十度的大转变。对我而言，那个意外其实只不过是一份与本书完全不相关的话题的研究报告中，一个有关方法论的脚注而已。

现在，在欣赏这个故事之前，你还需要先了解一下科学家用来定义压力体验的一个关键性指标，它就是压力荷尔蒙皮质醇的释放。关于这种荷尔蒙的更多作用，我们很快就会谈到。但现在，你只需要知道，皮质醇的激增是应激反应的典型性特征之一，这也是科学家能衡量某种事物是否会导致某个人焦虑不安的方式之一。如果测量到皮质醇的释放，那么我们就可以知道这个人正在经历压力；反之，我们就可以认为他此刻没有感受到什么压力。压力会导致皮质醇的释放，而它的释放，正是我们如何定义并衡量压力的方法之一。

上面提到的研究报告，是关于参与特里尔社会压力测试（TSST）——一种在研究实验室中进行的激活应激反应的实验室程序——之后的皮质醇释放状况是否会受到童年的逆境经历的影响。而实验结果证实，其影响是巨大的。TSST要求受试者们准备并需要面对一群不苟言笑的专家小组和一台冷冰冰的摄像机发表一场关于自己是否适合就业的即兴演讲。

接下来，他们必须以13为间隔，从1022开始往回倒数，不允许出错。这是在实验室激活应激反应的黄金标准，因为它几乎可以让每一个人都感觉痛不欲生。对大多数人而言，这样的测试会导致他们的唾液皮质醇分泌水平增加两到三倍，这是一个正常人压力过大时的典型反应。

然而，并非每个人的反应都是如此。

研究人员在介绍数据收集的方法时不经意地提到，他最终的数据分析样本只使用了男性的数据，因为调研中大多数女性都在服用避孕药。然后他继续解释说，服用避孕药的女性面对TSST虽然也声称会感到焦虑，但是她们却没有经历任何皮质醇水平的变化。由于皮质醇的变化是研究人员最感兴趣的关键性指标，因此他们只在男性受试者身上进行了样本数据的分析和预测，因为受试者中没有包含足够多经历自然周期的女性——这些女性面对应激反应的确会释放出更多的皮质醇——可以更全面地将她们也囊括在他们的研究分析中。

尽管“避孕药可能会扼杀女性对应激反应的皮质醇分泌”这个观点并不是那次座谈的重点（它只不过是在谈及数据收集方法时随口一提的一句话而已），但是那一天剩下的时间里，我满脑子里想的都是这件事儿。它可能表面上听起来没什么大不了的（甚至听起来像是避孕药最佳效果的代言：白净的皮肤、有规律的月经，还能防止意外怀孕），但事实是，后果可能会非常严重。我们应对压力的能力，使得我们可以适应我们所遇到的任何类型的状况。缺乏这方面的能力可不是像你拿到一张解脱卡从此就可以无忧无虑这么简单的事儿。反言之，这意味着当我们压力过大的时候，我们没有足够的能力去应对它。这预示着我们在情绪调节、学习能力、记忆力乃至社交能力等各个方面都会出现问题。尽管压力看起来很糟糕，但我向你保证，缺乏面对压力的应激反应绝对是一件更糟糕的事情。

考虑到所有这些因素，我一结束座谈回到家，就迫不及待地沉迷于追踪服用避孕药的女性的应激反应会发生怎样的变化。有两件事让我始终过不去那个坎儿：（1）这是的的确确可能会发生的事；（2）而我竟然是第一次听说。[1]所以，我就做了一件书呆子痴迷于某件事时才会去做的事情：我开始阅读，大量地阅读。我们很快就会谈到我的发现，但首先，我会先让你了解一些关于你的应激反应是如何运作的背景知识。它绝对比你以为的有趣多了，而且它可以帮助你思考避孕药对你可能意味着什么，从而得出你自己的结论。

1　我可是个心理学家呀，看在老天爷的分儿上。

有关压力知识的初级小课堂

众所周知，压力这个词，可没什么好名声，而这并非完全的无中生有。现代人的压力——那种当代社会的人群中普遍存在的一波又一波不断来袭的压力——的确对我们没有什么好处。除了会导致体重增加、焦虑、各种心脏及生殖问题、免疫功能受损、失眠和偏头痛等状况外，压力还会让你感到疲累、易怒，甚至还会让周围的人感到不快。我们中的大多数人应该都会向往拥抱一次期盼已久的悠长假期，去释放我们长久以来所面临的压力，治愈那一堆由压力带来的健康以及人际关系受损的后遗症。

但实际上，压力的存在要比这来得更微妙一些。尽管过度的压力会对我们造成伤害，然而太少压力对我们来说也不是件好事儿。即便太多压力会让我们感到暴躁、易怒甚至不堪重负，但没什么存在感的压力也会让我们感到悲伤、无聊，生活了无生趣。所以，压力并不应该是我们想完全避免（就像我们会想避免跳方块舞、避免瘟疫，或者避免被逼着去看同事爱猫的照片那样）的东西，适度去经历压力反而会对我们更好。如果说过度的压力是地狱等级辣度的鬼椒鸡翅的话，那么过少的压力就像是婴儿吃的麦片食物，会让你对生活感到索然无味。

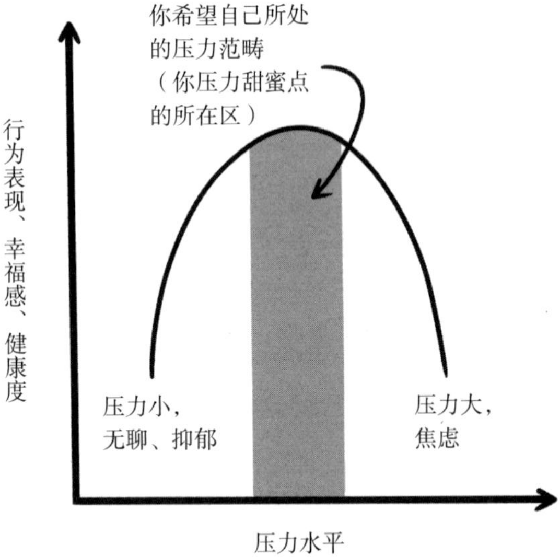

尽管压力过大对你无益，但压力过小对你而言也是有害的。

第二个微妙之处在于，压力并不见得就等同于灾难的降临。性、身体上的吸引力、收到令人振奋的消息，还有圣诞节的早晨，这些也都是可以引发压力的强大诱因。尽管这些往往都是人们所钟爱的事情，但它们的的确确也是压力之所在。因此，压力不见得总是坏事。压力只是代表生物作用下的一种状态而已。它意味着有一些重要的事情正在发生，而你的身体需要通过改变现有的工作模式去应对它，仅此而已。有时候随之而来的情景是你正在做爱，又或者你正处于一个全新的商业机会的风口浪尖之上（这是好事儿）；有时候也可能是你发现自己身处一场牛羚大迁徙的危险之中（这是坏事儿）。无论这些事件是好是坏，我们的身体应对它们的方式，都是通过应激反应的活动进行的。

应激反应的具体细节会有所不同，这取决于当下正在发生着什么（比如，是在享受做爱的快感还是面对牛羚大迁徙时迎面而来的冲击感），但是任何应激反应都有一些共同的组成因素。第一点就是，压力会启动你的交感神经系统（SNS）。交感神经系统的反应是通过释放去甲肾上腺素以及肾上腺素来实现其目标的，此外它还负责控制战斗或是逃跑的反应。当压力来临时，它带给我们最典型的感觉就是“我的心跳正在加速，我快要窒息了，我快要吓死了”。我们对压力大多数的感觉都是拜交感神经系统所赐。

如果你已经在服用避孕药了，那么我说应对应激反应的交感神经系统在服药女性的身上似乎完全无动于衷的话，你应该不会感到太过惊讶。在面对压力源时，服用避孕药的女性和其他所有人一样都会感受到压力的存在，然而她们战斗或是逃跑的能力却似乎完全不会让步。这对服药的女性而言是个好消息。尽管战斗或逃跑反应令人恼火——而且如果我们被困在一动也不动的车阵之中，可能会觉得这是天大的折磨——但它仍然是我们大多数人希望可以留存的一个本能，以便应对任何突发的紧急状况。

大多数应激反应常见的第二个关键因素是，下丘脑－垂体－肾上腺（HPA）轴的激活。这个听起来超级神奇但是冗长又拗口的词儿是由三个系统共同作用组成的：你的下丘脑（大脑的一部分）、你的脑下垂体（就在大脑的正下方），还有肾上腺（位于肾脏上部）。HPA轴的活动（就像它在性荷尔蒙释放家族的表妹——HPG轴一样）由位于大脑中的下丘脑发起，然后通过另一个三方通话的游戏来执行（详见下页图说明）。首先，大脑释放出促肾上腺皮质激素释放激素（CRH），进而刺激脑下垂体的分泌；接下来，脑下垂体通过释放促肾上腺皮质激素（ACTH）再将这一信息传递给肾上腺；而最终，促肾上腺皮质激素再刺激肾上腺，从而导致压力荷尔蒙皮质醇在血液中的释放。

由于在人类的智商范围内在没有任何提示的情况下记住所有这些丑陋的首字母缩略词[1]的可能性小之又小——我为你

1 这些首字母缩略词的丑陋程度大概仅次于它们所代表的那些单词。要是每一样东西都能被赋予一个正常的名字的话，那么大概我们就都去研究神经科学了。比如……给它起名叫史蒂夫，怎么样？如果……史蒂夫释放了凯文……这样比起“下丘脑释放促肾上腺皮质激素释放激素”要好记太多了啊……我不知道是谁给这些东西命名的，但是这些名字对大众来说毫无吸引力也是显而易见的事。

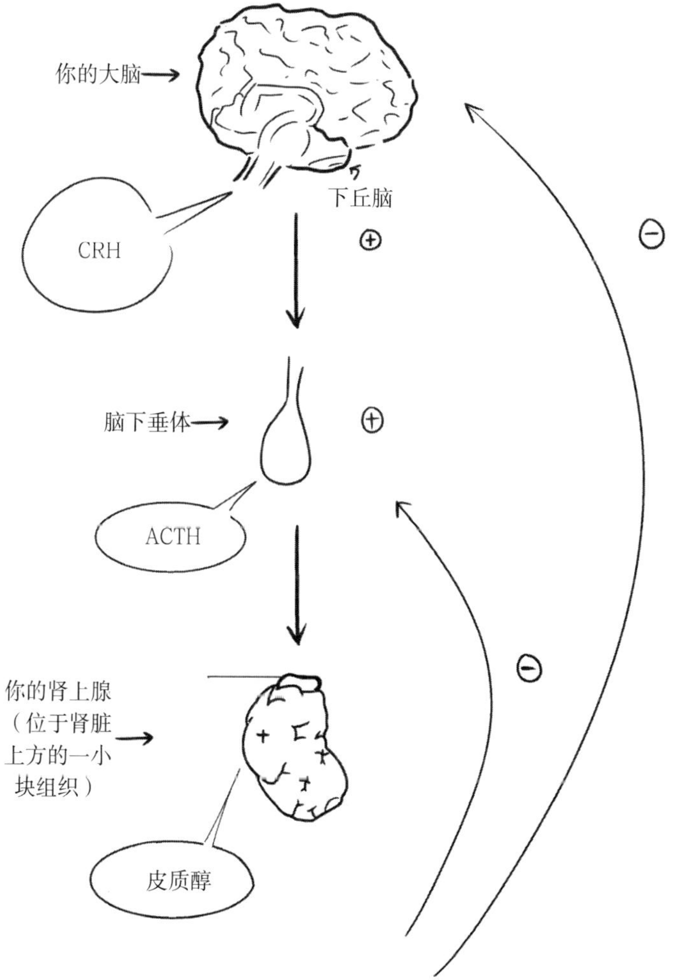

你体内HPA轴的信号传导过程。

制作了下面的这张图表，这样在我们讨论这些东西的时候你就可以根据需要更轻而易举地查阅参考了。

来自你下丘脑－垂体－肾上腺（简称HPA）轴的主要荷尔蒙——以及它们分别来自何处

荷尔蒙名称	它的位置	它的作用
促肾上腺皮质激素释放激素（CRH）	下丘脑（大脑）	触发脑下垂体释放促肾上腺皮质激素
促肾上腺皮质激素（ACTH）	脑下垂体	触发肾上腺释放皮质醇
皮质醇	肾上腺	运行身体的压力程序。将脂肪和糖倾倒至血液之中，以便快速逃脱，改变免疫系统的活动，刺激新的脑细胞的诞生，并帮助将此经验值植入你的大脑

HPA轴应激反应的主要生物性标志，就是皮质醇分泌水平的激增，这通常可以在遇到压力源后的3～5分钟从血液和唾液中检测出来。而尽管皮质醇的释放与任何具体的、明显的类压力感觉没有直接的关系，但是交感神经系统反应的方式，让它在管理应激反应中的大局中扮演着至关重要的角色。它可以重新分配用于促进生长和身体修复的能量到需要

依靠更多的能量供给来应对压力源的身体部位。此外，它对大脑的活动也有着许多重要的影响。例如，皮质醇会导致感知警觉性的提高，并加速与学习和记忆有关的神经程序的运行，帮助我们可以更好地将引发应激反应的事件植入我们的大脑之中或是加以巩固，以备不时之需。以这种方式来标记生物相关的事件，有助于我们更有效地应对未来可能会遇到的类似状况，从而更好地适应我们周遭的环境。

然而俗话说得好，抛开剂量谈毒性就是要流氓。尽管HPA轴活动的动态爆发在一定程度上表示这是一个受到良好刺激且生活充满意义的人，但HPA轴的长期激活会对我们的身体造成严重的损害。[1]它会将我们体内所有的资源都与那些

1　要了解HPA轴失调所造成的破坏潜力究竟可以有多大，让我们来想一下太平洋鲑鱼。我们应该都知道它们不畏险阻逆流而上的英勇故事吧？它们奋力地穿越那些危险的水域，只为回到最初那条它们诞生的溪流之中，产下新的希望，然后悲壮地死去……但是我敢和你打赌，你并不知道它们死亡的真正原因，其实是因为它们这趟逆流而上的旅途将它们的HPA轴置于完全超速运转的状况之下，才导致它们的身体彻底崩溃瓦解。正如罗伯特·萨波尔斯基在他那本超级风趣又充满智慧的《为什么斑马不会得胃溃疡》一书中所提到的那样，如果你将鲑鱼的肾上腺（就是肾脏上方那两个会释放皮质醇的小块组织）从体内摘除，它们在排卵过后依然可以继续存活下去。那趟旅程并不是杀害它们的真正凶手，让它们的身体长时间地运行压力程序才是让它们死亡的罪魁祸首。

有关压力管理的棘手事儿捆绑在一起，而这会导致那些维持生命系统活动的资源受到排挤，比如消化系统、免疫系统，以及心血管功能，等等。此外，它还会增加感染、疾病、体重增加等一系列你可能不希望发生的事情的风险，[1]包括神经发生（生成新的脑细胞）的减少、脑细胞损伤及细胞死亡，还有脑容量的减少。

长期的皮质醇信号传导对人体的运作会造成非常严重的伤害，当HPA轴长期处于活跃状态时，你的身体会竭尽全力地试图将其关闭。海马体（其皮质醇的受体要比大脑中任何其他部位都要多）将开始对着下丘脑放声尖叫，命令它停止释放促肾上腺皮质激素释放激素（CRH，它是HPA轴活性最主要的启动因素），然后脑下垂体和肾上腺将开始忽视那些告诉它们要释放更多荷尔蒙的信号。而如果这一切还不足

---

1 这是因为皮质醇会导致血液中三酰甘油以及葡萄糖水平的提升。虽然这些物质为大脑和肌肉提供了应对压力源所需要的能量（这很好），但它们同样也会让你增加罹患心脏病、2型糖尿病、感染甚至是癌症等疾病的风险（这就很糟糕了）。你的身体之所以能保护自己免受潜在的坏细菌以及恶性肿瘤（也就是癌症）的侵扰，其中的一个方式，就是在大多数时间里都保持血糖处于相对较低的水平。既然皮质醇会导致血糖的上升——而细菌和癌细胞又恰恰都喜欢在这种富含糖分的环境中茁壮生长——因此HPA轴长期处于激活状态，可能会使得你的身体演变成一个对坏细菌和恶性肿瘤这些不良生物而言相当好客，但你绝对不会希望发生的居住环境。

以降低皮质醇的分泌水平的话，肝脏则将会开始释放出大量的皮质类固醇结合球蛋白（CBG）去抑制部分皮质醇的活跃度，从而削弱传导给人体内其他细胞的信号强度。它之所以会这么做，是因为身体无法长期在一种“上帝呀，救救我吧！”的状态下正常运转。这就是为什么当人们经历长期的压力或是处于长期的创伤之中时，他们的HPA轴常常会进入关机模式。而这也是为什么我在发现服用避孕药的女性的HPA轴似乎正在做着一模一样的事情后，会觉得如此震惊的原因。

下丘脑的狂欢

回到我的研究实验室之后，我发现这个关于服药女性缺乏HPA轴的应激反应的方法论脚注，实际上还真有其事。目前有几项研究报告已经对这种影响进行了记录。下面你所看到的图表，摘自于一篇研究论文，该论文研究的是女性在TSST（回想一下前面我谈到的那个关于公开演讲还有倒着数数的那个实验案例）中皮质醇释放的反应。左侧的条形图代表的是没有服用避孕药的女性对TSST的皮质醇反应，右侧的条形图则代表服用避孕药的女性在测试中的皮质醇反应。

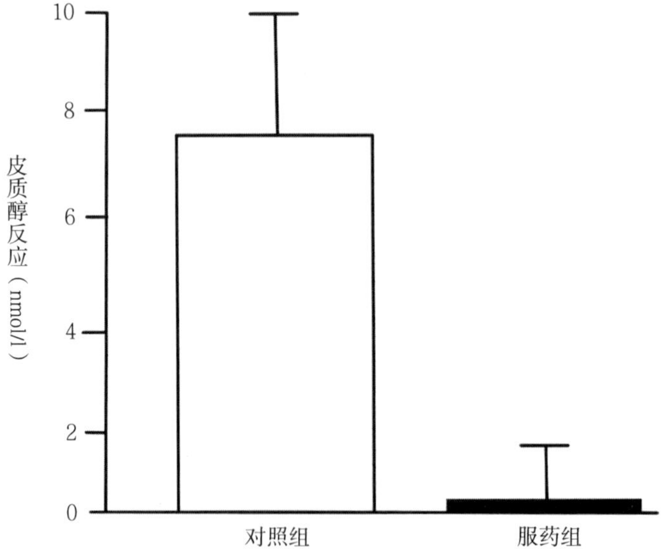

服药女性以及没有服药的对照组对特里尔社会压力测试（TSST）的皮质醇反应［以纳摩尔每升（nmol/l）作为测量单位］。

相信你不需要拥有神经内分泌学的博士学位就可以看出这两组女性受试者之间的巨大差异了。我们在好几篇研究报告中都可以观察到这种现象。有时候是研究人员发现服药女性面对压力的皮质醇反应较为迟缓（相对经历自然排卵周期的女性而言），有时候是服药者压根儿就没有出现皮质醇的应激反应，又有时候——正如我们在最近一项调查研究中发现的那样——皮质醇的分泌水平实际上会随着压力的增加而减少，这完全超出了我们的认知。研究表明，这可绝不仅仅是服用避孕药的女性在TSST的环境中表现得更加泰然自若这么简单的问题，服药女性对诱发压力的药物纳曲酮，或是剧烈运动时，同样也没有表现出太多的HPA轴反应，而这两者通常都会在大多数健康的成年人体内引发强烈的HPA轴反应。

在一项类似的研究中，研究人员找来一组服用避孕药的女性以及没有服药的对照组，让她们进行飞轮运动，直到所有的体力消耗殆尽为止，然后他们分别测量了她们的皮质醇分泌水平、情绪以及心率。结果发现，这两组女性的焦虑、悲伤以及愤怒感都比运动之前有所减少。这是非常典型的现象，因为运动是改善情绪的绝佳帮手。两组女性也都经历了类似的交感神经应激反应——她们的心率以及呼吸频率都在运动状态下有所提升。然而面对同样的压力，服用避孕药女性的皮质醇反应，相较于经历自然周期的对照组而言，不过是小巫见大巫罢了。无论你用哪种方式去剖析它（或者用什么样的测试协议来衡量它），服用避孕药的女性在应对压力时似乎就是缺乏HPA轴该有的反应。

此外，她们的HPA轴在其他方面也表现出功能失调的问题。举例而言，研究发现，服药女性每天皮质醇的分泌节律也与他人有着天壤之别。皮质醇的分泌遵循着昼夜节律，大约在醒来后的30分钟达到每日峰值，并在一天中逐渐下降。

然而，当女性服用了避孕药，她们早晨时皮质醇水平的峰值就相对较低，且每日皮质醇分泌曲线也会比大多数健康的成人看上去要更平坦。与经历自然排卵周期的女性相比，服用避孕药的女性对在实验中所给予的皮质醇的调节能力都相对较弱，甚至在服用不含荷尔蒙的糖丸的那一周，她们的HPA轴功能仍然存在差异。后者的结果表明，就算在停药之后，避孕药与HPA轴之间的相互作用依然可能持续存在。因此，与其说避孕药简单粗暴地抑制了女性的应激反应（就像我在那场具有决定性意义的座谈中所了解到的那样），倒不如说它可能完全改写了女性HPA轴的作用与功能。

为什么偏偏是你呢，皮质醇?

在我写这本书的时候，我们对为什么服药女性的HPA轴似乎完全陷入混乱还了解得不够充分。尽管研究人员对这种普遍现象的发现已经超过20年之久，但是却鲜有非学术界的人士知道这件事，更少有人会试图从大局的角度对其究竟为何如此做出一个全面的解释。截至目前，对这个领域的研究还处于一种“对它会发生什么我们有一些零星的了解——比如服药女性体内的胜肽X或蛋白质Y如何改变，并因此导致

HPA轴的功能失调”的状态，但是究竟为何会如此，我们还知之甚少。

举个例子来说吧，比如目前已经有不少的研究都探讨了关于皮质类固醇结合球蛋白（CBG）在抑制服药女性的皮质醇应激反应过程中所起到的作用；CBG是一种会与皮质醇相结合并使其失去生物活性的蛋白质。如果服用避孕药女性体内的CBG含量过高，那么这似乎就可以解释为什么这些女性的皮质醇应激反应会被抑制了。更多的CBG=更低的皮质醇生物活性=受到抑制的皮质醇应激反应。

跟上我的思路了吗?

而且事实就是如此。服用避孕药的女性与经历自然排卵周期的女性相比，的确拥有更高水平的CBG。大概，高出170%以上吧。而这么多的CBG可绝对不是一个小数目。它绝对足以让你理解为什么CBG在抑制服药女性的应激反应中具有这么重要的作用了。它的分泌水平是未服药者的两倍之多，它怎么可能不发挥作用呢?

但事情远远不止于此。服药女性不仅呈现出比未服药者更高的CBG分泌水平，她们的HPA轴也屡屡显示出功能失调的状况。这表明在避孕药与HPA轴之间，还有着更大的关联性，只是到目前为止，我们对此还没有一个清晰的认知。

比如，当我们将服药女性的HPA轴与经历自然周期的女性的HPA轴相对比时，就发现了一些显著的差异。

与男性或经历自然周期的女性相比，服药女性的游离皮质醇应激反应更为迟缓，她们每天的皮质醇分泌节律也相对更为平缓，每日曲线看起来就像是一片高原而不是一座山峰。

尽管服药女性的游离皮质醇应激反应相对较低，但是她们总体的皮质醇水平（包括游离状态、生物活性状态以及与CBG相结合并失去活性的皮质醇）却相对较高。

服药女性的CBG（导致皮质醇失活的结合球蛋白）水平明显高于自然周期的女性。

如果给服药女性服用一定剂量的CRH（即促肾上腺皮质激素释放激素，一种由大脑释放的肽类物质，能够触发脑下垂体开始释放ACTH），相较男性或经历自然周期的女性而言，对相同剂量CRH的，她们会释放出较少的ACTH。换句话说，她们的ACTH反应受到了抑制。

如果给服药女性服用一定剂量的ACTH（即促肾上腺皮质激素，一种脑下垂体生成的荷尔蒙，其作用是刺激肾上腺皮质释放皮质醇），则其随后所测量到的游离皮质醇水平低于服用相同剂量的自然周期女性。

如果给服药女性服用一定剂量的皮质醇（你可以从含有氢化可的松的药物中得到它），然后测量其未结合的荷尔蒙水平，她们的荷尔蒙水平要高于服用相同剂量的自然周期女性。这表明她们管理多余皮质醇数量的能力已经达到了极限。

当你把所有的这些信息都拼凑在一起的时候，会发现有两件事似乎非常明了。第一件事，服用避孕药的女性，其HPA轴的运作相当的“我行我素”。无论是从大脑到垂体的传导信号（CRH），还是从垂体到肾上腺的传导信号（ACTH），又或者是皮质醇本身的释放，这一整条的信号通路都与自然周期的女性毫无相似之处。从上到下，从左至右，都截然不同。

第二件显而易见的事，是在HPA轴的信号通路中的每一个链接，似乎都在努力压制压力信号的传导，让它尽量保持安静。肾上腺在固定剂量的ACTH刺激下所释放出的皮质醇水平低于正常水平，脑下垂体在固定剂量的CRH刺激下所释放出的ACTH也低于正常水平，而肝脏又释放出大量的CBG，从而使已经被释放出来的皮质醇失去生物活性。

所有这些加在一起表明，在服用避孕药的女性身上所普遍观察到的这种相对迟缓的应激反应，可能并不是由避孕药本身降低了HPA轴的活动力所导致的。相反，服药女性HPA轴的函数模式看起来与那些长久以来饱受压力压迫的人有着让人不得不怀疑的相似之处，这表明避孕药可能实际上会导致HPA轴的过度活跃，需要采取一些协调措施来抑制自己的反应。

为了验证这个想法，研究人员近期对服用避孕药的女性是否会表现出与长期压力接触相关的四种已知生物标志物进行了测试。这四种已知生物标志物包括：（1）与皮质醇信号相关的基因表达增加（创伤预测了更多由皮质醇所触发的基因被开启）；（2）较高的血脂水平（皮质醇会将脂肪和糖倾倒至血液之中，导致经历长期压力的人血脂水平较高）；（3）海马体体积减小（长期压力预测了较小体积的海马体，因为大脑中的这一区块对长期压力所导致的细胞死亡以及神经元再生的减少极其敏感）；（4）在携带重度抑郁症遗传基因的人群中试图静默由皮质醇开启的基因[1]（在HPA轴难以关闭时所观察到的模式）。这四种标志物通常只存在于长期面临严重压力的人群之中。

1 拥有rs1360780基因代码的TT等位基因与罹患重度抑郁症的风险高度相关。

这些研究的结果表明，服用避孕药的女性所表现出的可不仅仅是某一两种长期压力下的生物标志物，所有四种标志物都可以在她们身上观察得到。虽然这方面研究才刚起步，在我们能充分理解这些以前还有很长一段路要走，但是我们已经可以慢慢拼凑出一幅画面了：避孕药可能会过度刺激人体内的皮质醇信号，从而导致HPA轴需要启动自我关闭程序来保护自己。

虽然过多的皮质醇信号可能会增加女性出现脑容量损失、严重抑郁等一些健康问题的风险（稍后我会详细介绍），但是目前却没有人知道为什么会发生这种情况，它如何展开，又或者它是否可逆。研究人员最近才刚刚开始思考这些情况发生的可能性。避孕药研究的下一个领域需要确定为什么避孕药会导致HPA轴的过度活跃，以及我们可以采取什么样的措施去阻止它。与此同时，我们也非常需要这些研究报告可以告诉我们，这些影响是否会因为避孕药中所含孕激素类型的不同而有所差异，包括一旦停药之后，这些影响是否还会持续存在。

尽管这一领域的科学尚处于萌芽阶段，关于这一切对女性而言究竟意味着什么，还有许多未解之谜，但将已知的信息应用到你的生活之中永远都不嫌太早。HPA轴的功能性失调会对你的大脑、情绪以及免疫系统造成严重的损害，甚至还会慢慢榨干你对生活的乐趣。而鉴于身体应激反应中的交感神经系统在服用避孕药的状态下完全不受影响，所以所有这些问题都会在你感觉压力丝毫未减的状况下发生。了解了避孕药可能会导致这个身体活动最主要的调节剂发生变化，可以帮助你在身体状况有任何开始酝酿的迹象时，提醒自己多加留意，以免更多的麻烦找上身。现在，就让我们来讨论一下具体应该注意哪些状况。

这对你而言意味着什么

与许多荷尔蒙一样，皮质醇主要对人体和大脑起到调节的作用。这就意味着，皮质醇所负责的，不是某一两件引人注目的大事（比如胸部发育或者是行走），它会同时作用于多个不同的身体系统，控制着一大堆更为细致和微妙的工作。正因如此，过多或过少的皮质醇信号所产生的影响，就不太容易为大家所注意，它肯定不会像你的胸部突然消失或者长出尾巴那样明显到一眼就能看到。相反，它更像是在对你……千刀万剐。

首先，让我们先来谈一谈人体内的皮质醇信号过多时，你的大脑会发生什么。这很有可能就是服用避孕药的女性在她们的HPA轴准备进入关闭模式前的最初状态。

对大脑而言，过多的皮质醇暴露是个坏消息。它可能会导致如海马体这类大脑中的区块结构以及功能发生变化，而这对女性的认知及情绪健康都可能造成不良影响。海马体在我们的学习和记忆能力中扮演着超级重要的角色，大量关于人类和动物的研究报告都指明，海马体的损伤将会导致学习和记忆上的相关问题。而由于服用避孕药女性的海马体容量要小于经历自然周期的女性，这对服药的女性而言，就可能意味着麻烦。

举例来说，阿尔茨海默病——一种具有毁灭性的神经退化性疾病，其病症之一就是会导致记忆力的衰退——的一个标志性症状，就是海马体的萎缩。大量的证据也将海马体的萎缩与日常认知以及情绪相关的问题联系起来，如社会焦虑以及记忆力等。虽然我们还无法确切得知避孕药是否是导致女性出现上述这些状况的原因，但是我想这样的结论应该不难推测。它甚至还会以潜移默化的方式对女性的学习和记忆力造成影响。

我的一位研究生汉纳·布拉德肖，在经过研究后得到的初步结果表明，这样的影响可能确实存在。在对两项研究报告进行了横向比对之后，她发现服用避孕药的女性在面对一次困难的考试中的表现，远远不及经历自然周期的女性，并且在面对无法解决的单词谜题时更容易放弃。虽然目前还不清楚这些影响是否由服药女性的应激反应、海马体或是其他什么因素的改变所导致，但这样的结果与避孕药可能损害调节人体学习能力的观点如出一辙，而这可能会使得这些女性在实现自己的教育以及职业目标的道路上走得更加艰辛。此外，还有部分女性反映，她们在服药期间会出现头晕眼花以及脑雾的感觉，或是有抑郁症发作的迹象，而这些很有可能都是海马体（以及大脑内受到避孕药影响的其他部位）的结构性变化所造成的（我们在下一个章节会进行更详细的讨论）。尽管在这一点上，这些可能性的讨论目前更多的是基于假设的前提，而非来自客观事实，但它们仍然是你在自己的避孕经历中值得深思的地方。

HPA轴的过度启动也可能会对女性的血糖和脂肪，以及变胖的趋势（尤其是腹部区域）都有着实质性的影响。皮质醇——由于它会使身体做好快速应对的准备——会导致血液中脂肪和血糖水平的升高。这在急性压力的状况下是非常重要的。毕竟，你如果想跑赢一场牛羚大迁徙得需要相当大的能量供给才行。然而，从长远的角度（比如在长期皮质醇信号的背景下）来看，这对身体来说并不好。血液中高于正常水平的脂肪和血糖水平，会导致葡萄糖耐受不良（糖尿病的前兆）、体重增加（尤其是腹部脂肪）以及冠心病等风险的增加。尽管这项研究还不至于成为你服用避孕药时确定要担心的注意事项（尽管一些证据表明，服用避孕药的女性的确表现出了与压力相关的脂质代谢变化），但如果你有葡萄糖耐受不良的个人病史，或者三酰甘油水平高于正常值的话，这些问题就非常值得引起你的注意。在你开始或者调整一种新的避孕方案时，最好请你的医生密切关注自己这些指标的变化。

但是说到这儿，故事才讲了一半而已。因为在HPA轴被过度激活以后，它最终是会自行关闭的。并且，如果你还记得我们之前的讨论，这似乎正是服用避孕药女性的HPA轴所导致的。尽管这可以防止女性因为HPA轴的超速运转而死亡（就像鲑鱼一路逆流而上，在它们悲壮的赴死之旅的最后到达故事的高潮那样），但它本身却也存在着一系列问题。我们的HPA轴在身体面对环境中的威胁与机遇时所表现出来的能力中，扮演着至关重要的角色。而缺乏这种在应对压力源时调节皮质醇释放的动态变化的能力，可能会降低女性应对、学习以及适应她们所处的环境的能力。

比如，在一项研究中，研究人员让服用避孕药的女性与经历自然排卵周期的女性聆听一段简短的叙述故事。有一半的女性听到了一个满富情感的故事，而另一半的女性听到的则是一个无聊又无趣、什么也没讲的故事。在听完故事后，每一组中有一半的女性被立刻置于一个压力源的环境之中，而另外一半则没有。接着研究人员对她们的皮质醇水平进行了测量，然后大家就可以回家了，一周以后她们再次回到实验室。

当她们第二次来到实验室时，惊讶地发现摆在她们面前的，是一次突击测验：她们需要对上一周所听到的故事中的一些细节进行回忆。研究人员期待可以发现那些接触了压力源的女性会对充满情感的（而不是无聊的）故事有着更好的记忆——这本就是压力该做的事儿，因为皮质醇的任务之一就是将充满情感的事件从我们的短期记忆转移到我们的长期记忆中去。

而这正是他们所观察到的结论，只是并非所有人都如此。经历自然周期的女性在面对压力源后的确能更好地回忆起有关情感故事的细节内容，然而服用避孕药的女性却无法做到。服药女性对情感故事的记忆少之又少，程度大概就跟这两组受试者对无聊故事的记忆度差不多。谁是那个导致这两组女性记忆情感信息的能力如此不同的神秘力量呢？那绝对非皮质醇莫属了。经历自然周期的女性会因为压力源而经历皮质醇水平的变化，但服用避孕药的女性却没有。因此，即便是服药者对这个故事的关注度以及面对压力源所表现出的焦虑感与自然周期的女性无异，但由于缺乏皮质醇水平的激增，服药女性的大脑无法像预期那样吸收更多有关情感故事的细节。

在需要呼叫应激反应的情况下却缺乏应激反应，还可能会妨害到女性识别具有相容性伴侣的能力。已知能在健康的成年人身上引发强烈的皮质醇激增的一个方法，就是性吸引力，这是我们的大脑将潜在的伴侣标记为“值得关注的那个人”的一种方式。但是，如果服用避孕药女性的身体没有将某些男人标记为“比其他男人更突出”的那个人，那么就可能会导致这些女性在选择伴侣上的难度增加。相较于仰赖数百万年的进化所形成的生物程序作为选择伴侣的指导方针，服用避孕药的女性可能会发现自己在挑选另一半时不得不更多地依赖于理性的决策。这可能会让她们进入一段“理论上相当完美”但却缺乏性吸引力的关系之中。尽管这种可能性尚未得到实验证实，但它可能是造成我们在第5章中所讨论的“避孕药作用下的伴侣关系满意度存在差异”的原因之一。

缺乏性化学反应（但是对伴侣收入潜力更满意）很有可能就是在缺乏（除了HPG轴之外的）HPA轴的帮助下而选择伴侣的症结所在。

从更宏观的角度来看，无法在大脑中为重要的人事物进行标记，可能会导致女性面对一切都觉得索然无味。因为当你的大脑没有将任何东西标记为威胁或是机会的时候，它就可能会导致女性的大脑相信，她们生活在一个没有刺激的世界里，缺乏令人感到兴奋的新机遇，毫无挑战的前景。

这个想法——尽管尚未进行相关的科学实验——与我本人服用避孕药期间的体验相当一致。只是一直到停药以后，我才能明确意识到这一点。

停掉避孕药，对我而言，感觉就像是缓缓地苏醒了过来。我发现自己在停药之后，对各种事物的感受都开始变得更加深刻——好的坏的都有。结果就是，我感觉自己的人生变得更加立体，终于可以用三维的方式去体验万事万物了……不用隐喻的表达方式，我真的很难表达清楚那种焕然一新的感觉。

在你生命中的某一刻，可能有人会告诉过你：用LP黑胶唱片听音乐的音效要比用诸如MP3这类的数字设备的音效来得好。虽然很有可能这位喜爱LP黑胶唱片的朋友这么说，只是为了让自己听起来酷一点儿，又或者是为了给异性（也许就是你）留下一个深刻的印象，但其实这个说法是有一定的道理的。声音以悠长且优美的曲线形波形来传递，而模拟录音就是对声音波形的模拟。所以，当你在听黑胶唱片中的某一首歌时，你听到的就是这首歌的真实声音。它饱满，充满穿透力，富有韵味。如果你一段时间没有听过黑胶唱片了，那么听听看，其实真的不错。它的声音听上去的确更有深度，保证会带给你一场更加享受的听觉体验。

然而数字录制的歌曲，相比之下就稍微有些差强人意了。这是因为，这种录制方式是以比特的形式进行的，而非音波。它通过对模拟信号进行数千次的数字快照然后将它们拼凑在一起，试图以这样的方式来尽量模拟真实的音波，从而达到复制音波波形的目的。但这样生成的声音和原始的声音相比，从来都没办法一模一样。虽然最终的结果听起来感觉上也是完整的声音，但其实并不然。音乐中总是会有一些片段——几乎我们所有人都全然不觉——实际上会在我们的听觉体验中被遗漏掉。

现如今，大多数听数字音乐的人都不知道这种情况的发生，他们也不会觉得在听自己最喜爱的歌曲时有什么东西被遗漏了。如果一个人没有听过同一首歌在这两种不同设备上

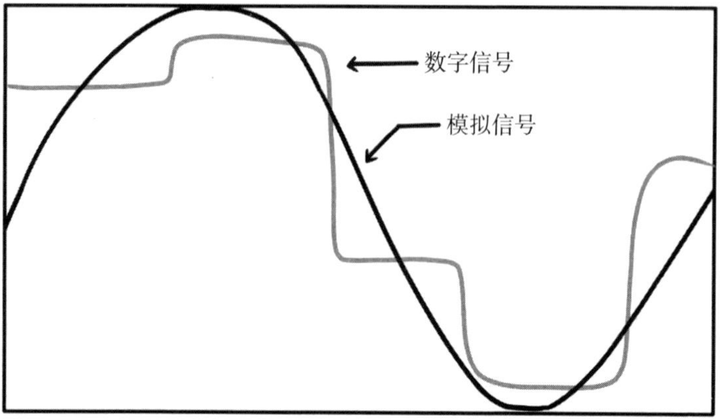

模拟信号与数字信号之间的差别。

的播放——听完一个版本立刻去听另一个版本——他可能永远都不会意识到其中的差异。即便是这样，其实两者的差异性也是微乎其微的。黑胶唱片上的音质与MP3的版本相比，也不过就是听起来更立体，可以给听者带来更身临其境的感觉罢了。

猜到我想说的是什么了吗?

对我而言，停止服用避孕药的感觉就好像是我不再听MP3而开始听黑胶唱片了。在我服药的期间，真的完全没有感觉到有任何东西遗失了。直到我停止服药，才真正意识到我感知这个世界的方式跟之前相比有多么的不同。但即便如此，其中的差别在当时也是很难说得清的——直到现在依然如此。我能给你最好的描述就是，对我而言，停药后的过渡期感觉就像是慢慢从书本里的某一页爬了出来，回到了真实的世界之中，一切都变得栩栩如生。它带给我一种在服药期间从未有过的立体感。我可以深刻地感觉到周围的事物都变得更加饱满，生活也变得更加有趣，充满了各式各样的机遇和意义，而这些都是我在服药的时候感觉不到的。

PHA轴活动的动态爆发是我们的大脑感知我们正在过着一种有意义的生活的一种方式。它可以帮助我们处理情感复杂的信息，并将其植入我们的长期记忆之中。当它无法正常运作时，我们生活中那些有意义的情感事件——无论好坏——就都难以成为我们的一部分。而当这种情况发生的时候，我们并不会因为经历过这些就变成更好或更有智慧的人——所有我们经历过的事，无论好坏——都不过只是浮光掠影而已。损害我们大脑汲取生活中所有情感复杂时刻并将其转移到我们的长期记忆中的能力，可能会导致我们的生活感觉上更加单调且平淡。

所以另外一种可能性是，避孕药可能会改变女性体验这个世界的方式。而尽管这些改变大都莫可名状，它们却可能对女性的情绪、幸福感以及生活品质等各个方面产生深远的影响。避孕药剥夺了女性以生物的方式从环境中汲取生活意义的能力，这可能会让女性比起没有服用避孕药时感觉更加的空虚。这些对女性而言究竟意味着什么，我们还有很多东西要去探究，但是就目前而言，这绝对是值得你密切关注的事情。

最后呢，我想暂时踏出大脑的舒适圈，讨论一下关于被抑制的应激反应对女性可能造成影响的最后一种可能性：它可能会导致人体免疫系统的失调，增加女性发生自身免疫性疾病的风险。我们的身体通过发炎反应来应对感染和伤口。虽然炎症对预防身体生病是一种非常必要的反应，但这是身体要非常小心去调节的事情。长时间暴露在炎症的环境中对人体是有害的。它会导致很多不良后果，比如DNA的损伤、细胞死亡、组织退化以及过早衰老，等等。此外，它还可能引发疲劳、抑郁、慢性疼痛以及记忆障碍等一系列的问题，并增加罹患癌症、阿尔兹海默病以及自身免疫性疾病的风险。因此，炎症是需要仔细关注的一种反应，否则身体会因此而导致增加罹患上述这些疾病的风险。

那么来猜猜看哪个信号分子在调节我们体内的炎症反应中发挥着主导作用？

尽管人体内有很多不同的系统可以调节炎症，但在这个过程中的一个关键参与者，就是皮质醇。当皮质醇信号失控或彻底关闭的时候，它就可能会导致身体炎症反应的失调。这可能会增加服用避孕药女性发炎以及自身免疫性疾病（通常都是由发炎所导致的）发生的风险。虽然我们对“避孕药及其对HPA轴的影响是否就是导致免疫系统出现问题的原因”还不能百分之百地确定，但至少有一些证据表明可能会存在这样的可能性。目前我们已经发现，避孕药的使用与多种形式的自身免疫性疾病的发生都有关联，这意味着避孕药可能会对女性的身体健康产生影响。这是一个非常重要的信息，因为患有自身免疫性疾病的人群中，有高达78%都是女性。

避孕药是否就是这个触目惊心的数字背后的幕后推手呢？

我们还不得而知。

虽然我们还不能确定女性的HPA轴在饱受避孕药的折磨后，到底会对她们自身造成什么样的影响，但是要对哪些方面多加留意，相信你应该已经有了一些基本的想法。保持警觉并积极主动地管理自己的健康永远都不为时过早。

如果你觉得自己一直都备受我们在这一章节中所提及的各种问题的困扰，那么请听从你的身体所发出的警告。也许是时候尝试更换一种新的避孕药了，甚至也可以试试看其他的避孕方式。又或许，你也可以暂时停止服用避孕药一段时间，让身体有一个喘息的机会，然后再重新启动。

长期以来，我们对女性健康的普遍态度都是：如果女性所感觉到的症状在一本医学教科书或是一张药品说明书上没有描述的话，那么这种感觉就被当作是不存在的。可事实是，我们的身体有时候就是会出现一些医学上还无法充分解释的现象或是症状。然而仅仅是因为你的感觉还没有得到科学研究的详细描述，并不代表它不真实存在或是它不够重要。科学还没办法完全参透女人，而关于避孕药如何影响我们的各种研究也才刚刚开始。因此，你得加倍留意你的感受，仔细聆听你的身体在说些什么，为你当下的感受以及你希望如何感受代言，并成为它们的倡导者。

讲到这儿我们好像都在说一些听起来有点儿恐怖的结论，但其实总体而言，这些信息还是充满希望的。我以最优等的成绩从大学里毕业，并拿到了博士的文凭，这一切都是在服用避孕药的期间发生的。而有很多女性（也许甚至就是你）取得了比我更加优异的成绩。如果说我的海马体在我服药时——或者乃至现在——比我没有服药的时候容量变小了，那么明显这并没有对我造成什么样的伤害，[1]我们反而比以往任何时候的表现都还要更出色。所以，无论避孕药可能

1　尽管无数次我都把自己锁在办公室的外面……

对我们的大脑产生什么样的影响，它并没有对我们造成太大的伤害。尽管如此，你依然有权利了解你所面临的状况——被修改的HPA轴可能会改变你对这个世界的感受。而虽然有关这个领域的研究尚处于起步阶段（这意味着我们还几乎一无所知），但在确定你所服用的避孕药是否适合自己时，这还是非常值得考虑的因素。

第8章　究竟是什么鬼?

如果你是一个经常看新闻或是读报纸的人，那你可能差不多每年都会看到一些有关避孕药跟情绪的相关报道。有的报道声称避孕药会导致抑郁症的发病；有的则表示避孕药明显与抑郁症的发病无关；然后有时候他们又报道说，避孕药可能与部分人抑郁症的发病有关，与其他人无关。这类信息除了会让你丈二和尚摸不着头脑之外，真的没必要当真。关于健康方面的研究课题似乎永远都处于一种矛盾的状态之中。举例而言，仅仅在过去的十年里，关于葡萄酒对我们究竟是好是坏，就一直没有一个定论：先是说它有害健康，接着又说它有益健康，后来又变成有害健康，然后又变成有益健康了……目前人们普遍相信，葡萄酒对一部分人是有益的，但仅限于红葡萄酒，还得用特制的杯子盛装，只能在每个星期天和星期二的下午饮用（除非是在闰年，那就什么都好说了），一次最多1.7922盎司的分量，一滴都不能再多了。

涉及健康方面的研究时，我们常常都很难得知究竟什么是我们应该担心的，而什么又是无须担心的，避孕药相关的研究也不例外。关于避孕药可能对情绪产生的影响，我们似乎既了解得太多，又好像了解得太少。接下来，就让我们对研究报告实际上指出了什么（又或者没有指出什么）来好好地探讨一番：避孕药对预测你心理状况的晴雨表有什么样的影响呢？如果你发现自己的心情似乎常常是阴天多过晴天，又该怎么办呢？

实话实说：避孕药与你的情绪

我们中的大多数人应该都至少会认识一到两个对避孕药有不良反应的女性。而且大多数情况下，这些不良反应都与情绪的负面变化有关。[1]让我们来听听利亚的故事。

在20岁出头的那些年里，利亚一直在尝试各种方法，试图找到一种自己喜欢的避孕方式。她尝试的第一种含有荷尔蒙成分的避孕药却让她一直哭（真的就是一直一直哭）。这种感觉真的是够糟糕的，以至于她甚至开始坚信避孕药之所以能预防怀孕，根本就是因为它会把女人搞到神经错乱，这样但凡是个有正常脑子的男人，就都不会想和这样的女人上床了。

然而她尝试的第二种避孕药也没好到哪儿去。即便是她最好的闺蜜向她发誓这款药物真的无敌好（并且她的医生也告诉她这款药物的荷尔蒙含量很低，应该不会有那么强的副作用），可是在服用过后，利亚依然感到无比焦虑。她有生以来第一次，错过了学校工作任务的最后期限，因为她一直担心所做的一切不够完美，整个人都处于一种瘫软的状态。

我有一个印象非常深刻的记忆。那是我要发表班级项目

1 当然啦，你我都知道“情绪的负面变化”只是这些女性采用了一种更为委婉的方式来总结她们在服用避孕药之后的感受而已。后者听起来更像是“哦，避孕药吗？没错，我没办法服用它，因为它简直快要把我给搞疯了”。

报告的前一天晚上，我蹲在公寓厨房的地板上歇斯底里地大哭了起来。那是一个小组报告，我生怕自己的那部分不够好拖累了其他小组成员，很担心组里其他女生会因此而记恨我。那时候我真的是害怕到不行。为此我妈还跟我煲了一小时的电话粥，苦口婆心地劝我千万别因为我觉得自己不够好就要辍学。我觉得自己天生就不适合读书，因为压力对我而言一直都是无法承受之重。更疯狂的是，我甚至都不知道自己变得究竟有多混乱，还以为自己只是太多事情要做应付不过来而已。后来是我的室友告诉我，她觉得我的情况不对劲，感觉我已经不是从前的那个我了（自从我开始服用新的避孕药以后）。起初，我觉得她肯定是疯了，因为我自己并没有感觉有任何不同，只是感觉我所承受的压力比以往任何时候来得都要大。我从来没有想过出问题的其实是我自己，而不是我的工作量。

这样的日子过了有两个多月以后，利亚又更换了她的避孕药。这种最新出的药丸（与她之前两次所尝试的避孕药成分不同，这次使用的是一种新的孕激素类型）让她感觉好太多了。她感觉自己又回到了那个从前的自己，也不再觉得泰山压顶了。尽管她还是比较喜欢完全不服用避孕药时的感觉，但是她感觉起来还是挺正常的。加上不会意外怀孕的这个不容忽视的优点，她没什么太多的纠结就决定要继续服用下去。

但有意思的是，我也从别的女性那里听到过完全相反的故事版本。虽然我们常常谈论的都是关于避孕药让这些女性抓狂的各种方式，但其实对部分女性来说，避孕药却是调节情绪的天赐之物。当你和这些女性聊天的时候，她们会告诉你，服用避孕药的时候她们会感觉比以往更好，情绪也更加稳定，反而是在停止用药之后会感到疯狂。比如下面这个关于苏菲的故事：苏菲在整整7年的时间里都在服用同一款避孕药（就是她开始尝试避孕时所选择的第一个品牌，从来都没有换过），她实在太喜欢这款避孕药了。然而在她的阿姨中风之后，她决定停掉避孕药。尽管她的阿姨并没有服用避孕药，但是这一段新的家族史让她想喘息一下，反正她当时也没有在谈恋爱，而因为避孕药可能会导致血栓增加的风险，她想想觉得可能不值得冒这个风险。

结果却发现，这简直就成了一场巨大的灾难。

停药让苏菲感觉自己的理智线彻底断掉了。以前的她总是可以冷静理智地进行思考和判断，她曾经一直以此为傲，可是她觉得停药后的她再也不是这样的自己了。她发现自己非常容易变得情绪化，可能突然就莫名其妙地大哭起来，她再也感受不到原本工作中的那种事业心和动力了。

我曾经以为，当大家在谈论关于情绪化或是经前症候群（PMS）这类话题的时候，这一切跟我都扯不上任何关系。我记得听到我的同事们在讨论关于她们荷尔蒙的事情，每个月的这个时候或是那个时候总会有人觉得自己变得莫名的伤感并且喜怒无常，然后我就在想：“无法计算。”因为我实在是想不起自己曾经经历过任何类似的状况。尽管我有点羞于承认这一点，但我始终觉得她们就是随便乱讲的而已。结果是我大错特错了。当我停止服用避孕药以后，我的身体就好像是在试图弥补我在服药期间错过的所有那些经前症候群的状况一样。我发现自己无论遇到什么事儿都会想哭，并想着我是多么想生一个宝宝啊。我被自己的这些想法惊得目瞪口呆。现在的我，依靠着自己努力获得的商业学位，正在一步一个脚印地攀登我事业的高峰，结果现在却在想着生宝宝的事？！我觉得自己好像变成了别人口中的那种女人，在还没到30岁的年纪就沦为了平庸之辈，让女性的解放倒退了60年。

在经过很长一段时间的深思熟虑之后，她决定重新开始服用避孕药。

虽然我也认为“避孕药是我事业成败与否的关键”这个想法绝对是疯了，但是我什么都愿意再尝试看看。其实我也不确定这是否只仅是心理上的问题，但我不得不说，一旦又开始服药，我的专注力和动力就全部都回来了，我的情绪也不再像一团乱麻那般杂乱无章了。如果是从别人口中告诉我说避孕药可以让她们在工作中有更好的表现，可能打死我也不会相信，但是它的的确确就发生在了我自己身上。

对上述这些问题，研究报告有什么样的发现呢？在进入这个讨论之前，让我先岔开一下话题，来聊一个显而易见但却一直被忽略的事实，那就是女性的性荷尔蒙对情绪所产生的影响，这种影响真实存在。这也许是世界上关于女性最老套的陈词滥调之一——也许你对它深恶痛绝——但依然不妨碍它千真万确。女性的性荷尔蒙会影响女性的情绪波动；男性的性荷尔蒙也会影响男性的情绪波动。它们想不影响都难。因为荷尔蒙的任务就是影响人体内所发生的一切活动，所以它们自然也会影响我们的大脑以及大脑产生出来的各种情绪。让我们先花一点时间来接受这个现实，这样才能继续下去。[1]

…………

我们的情绪会受到荷尔蒙的显著影响。正因如此，避孕药才可以改变我们的感受方式。有时候这些改变是好的（几十年来，避孕药被女性朋友广泛使用于缓解经前症候群的各种症状），但有时候却是糟糕的。而现在，我们就要从这里开始我们的对话了，因为这是许多女性对避孕药的疑问：究竟为什么避孕药会让我疯掉呢？

首先一点，你并没有真的疯掉。[2]我们每个人都可能在某些时刻觉得自己有点儿疯狂。人生不易，如果要试图像大多数人那样保持各种事情都尽在掌控，换作是谁都会感觉到焦虑和不知所措。而对一些女性来说，服用避孕药可能会放大这些感觉，甚至导致焦虑性障碍和抑郁症的发作。但如果这些事情也发生在你身上，它也并不代表你就是疯了。它只是意味着你可能用错了药。因为有一些避孕药会让一些女性的

1 如果这个观点仍然让你感到不适，你可能需要回去重读一下第2章的内容。对我们而言，欣然接受我们的生物特性并真正理解我们就是我们的荷尔蒙是一件非常重要的事。

2 除非你的确是个疯子。

大脑去做一些快乐的大脑通常不会去做的事情，而这些事情最常见的表现就是焦虑和抑郁。

虽然焦虑和抑郁这两种症状并没有表现出类似狂食症或是暴食症那样的家族相似性，但是这两类情绪障碍其实都来自相同（神经生物学上）的基因家族。它们所涉及的大脑区块以及信号通路都是相同的，也都对相同的治疗方案有反应（用于治疗抑郁症的选择性血清素再摄取抑制剂对治疗焦虑症也同样有效），此外，它们还都喜欢在家族中群聚（若家族中存在患有抑郁症的家庭成员，那么往往也会有患有焦虑症的成员存在）。因此，与其说抑郁和焦虑是由两套不同机制所产生的两种不同的问题，倒不如将其视为同一枚硬币的正反两面。它们只是在不同的人群和状况之下以不同的方式被呈现出来而已。一些情绪脆弱的人对生活压力源的反应是感到焦虑；而对其他人而言，焦虑则会转变为一种绝望而无助的感觉，我们就称之为抑郁。

而且，正如你可能也意识到了，像是焦虑和抑郁这种与情绪相关的问题在服用避孕药的女性中是相当普遍的。服药女性中几乎有一半的人都是因为实在无法忍受它的副作用而在还不到一年的时间里就停用了。在众多令她们忍无可忍不得不停药的副作用中，最常被提及的就是情绪上的负面变化。有些时候她们因为无法忍受的焦虑感而停药，有些时候则是因为无法忍受的抑郁而停药，还有些时候，是因为她们恰好被选中成为众多不幸灵魂中的一员，不得不同时经历这两种折磨而停药。尽管有一些女性的医生还是会告诉她们，那些情绪上的转变不是真实的，或者告诉她们这些都不重要，然而越来越多的研究表明，事实并非如此。对部分女性而言，服用避孕药会增加她们罹患焦虑症和抑郁症的风险，其结果可能是毁灭性的。

从丹麦那里学到的宝贵一课

丹麦是一个美丽的国家，坐落于北大西洋上的斯堪的纳维亚半岛。它除了是作家汉斯·克里斯蒂安·安徒生、乐高公司以及占我血统中大概四分之一的祖先的出生地之外，[1]还拥有许多全国性的登记册，这些登记册收集了所有国民关于众多健康以及社会问题方面的数据。比如，丹麦精神病学中央研究登记处负责追踪并记录所有在丹麦国内诊断出的患有精神疾病的发病率；国家处方签登记处则追踪记录所有在丹

1　没错，我的奶奶。

麦国内所填写过的处方签；而死因登记处则负责对谁在什么时候死亡、因何而死做出追踪和记录。由于所有的丹麦公民都拥有一个独一无二的个人身份识别号码，因此研究人员能将这些不同登记处之间的个人数据信息串联在一起。这就使得研究人员可以获得有关整个人口的健康以及社会行为模式的大量信息。全国所有人的数据都在其中。这种登记册的存在对科学界而言简直就是神赐的恩典。

或许并不出所料，正是从这些健康登记册中，我们得知了关于避孕药对情绪所造成的强大影响的一些最关键也最有价值的内容。在第一项研究中，研究人员根据女性服用避孕药与否，对她们被诊断患有抑郁症的风险变化进行了追踪。他们查阅了所有居住在丹麦、年纪介于15~34岁之间、身体健康且无抑郁状况的女性的健康及处方签记录，然后他们对这些女性（超过一百万名）的处方签以及心理健康记录进行了长达14年的追踪，以期找出使用含有荷尔蒙成分的避孕产品是否会影响之后被诊断为抑郁症或被开具抗抑郁药物的可能性。

结果他们发现了一些迄今为止最强有力的证据，可以证明含有荷尔蒙成分的避孕产品与抑郁风险之间的确存在着一定的关联。研究人员发现，与在此期间没有使用含有荷尔蒙成分的避孕产品之女性相比，使用此类避孕产品的女性在6个月后被诊断为抑郁症的可能性高出了50%。此外他们还发现，使用含有荷尔蒙成分的避孕产品之女性被开具抗抑郁药物的可能性也比在此期间没有使用此类避孕产品的女性高出了40%。

你可以在下面的表格中查看这些按照药物类型以及年龄划分的结果明细。每一行中的数字告诉你的是使用各种含荷尔蒙成分的避孕产品类型的女性相较于经历自然排卵周期的女性抑郁风险的增加程度。左侧列显示的是样本中所有女性的汇总结果，而右侧列显示的则是年龄介于15~19岁之间的女性（她们遭受抑郁风险增加的打击最大）的结果。

这项研究再加上其他一些相关研究报告的结果表明，避孕药可能会增加部分女性罹患抑郁症的风险。而这对非口服类产品（比如避孕贴、阴道环，或者会释放荷尔蒙的宫内节育器等）以及年轻的女性（15~19岁）来说尤其如此。这些妙龄少女的大脑尚未完全发育成熟，可能会更容易受到荷尔蒙信号的影响。这些研究结果意味着我们在理解含有荷尔蒙成分的避孕产品与情绪问题之间的潜在联结上又迈出了重大的一步。

但是，因为我是一名科学家，我的身份让我有义务指出，尽管这些研究人员发现了使用含有荷尔蒙成分的避孕产品与罹患抑郁症风险之间存在关联，但我们还是无法确定是

含有荷尔蒙成分的避孕产品类型

复方口服避孕药	抑郁风险的增加程度[1]	
炔雌醇（50毫克）	**所有女性**	**15~19岁的女性**
炔诺酮	30%	20%
左炔诺孕酮	†[2]50%	†120%
炔雌醇（30~40毫克）		
炔诺酮	-10%	50%
左炔诺孕酮	0	†70%
诺孕酯	0	†80%
脱氧孕烯	†10%	†100%
孕二烯酮	0	†80%
屈螺酮	†20%	†100%
醋酸环丙孕酮	†20%	†50%
炔雌醇（20毫克）		
脱氧孕烯	0	†60%
孕二烯酮	0	†60%
屈螺酮	†20%	†70%

1 请注意，这些数字要告诉你的是，与没有使用含有荷尔蒙成分的避孕产品的女性相比，每一组使用不同类型避孕产品的女性罹患抑郁症的风险会高出多少。你可以用这些数字来帮助你在心中填写下面这个句子的空白部分：在含有这种类型的荷尔蒙成分的避孕产品中，这个年龄段的女性罹患抑郁症的风险要比经历自然排卵周期的同龄女性高出_____%。

2 †表示结果具有统计显著性（即不太可能是偶然发现的）。

（续表）

戊酸雌二醇（30，20，10毫克）		
地诺孕素	↑80%	↑160%
非口服类避孕产品		
避孕贴（去甲孕曲明）	↑90%	↑180%
阴道避孕环（脱氧孕烯）	↑50%	↑170%
宫内节育器（左炔诺孕酮）	↑40%	↑220%
纯孕激素避孕药		
炔诺酮	0	30%
左炔诺孕酮	30%	不适用
脱氧孕烯	↑20%	↑130%

否是避孕药本身导致了这种风险的增加。两者相关并不等于它们之间就存在必然的因果关系。比如，另外的一种可能性是，研究人员发现服药与抑郁症两者存在关联，是因为它们两个都分别与另外的某个第三变量相关，从而让我们误以为是它们两者之间存在关联，即便它们两个之间可能并没有任何关联。再比如，寻求医疗干预的手段来避孕的女性，她们寻求医疗干预手段来治疗抑郁症的可能性也相对较高；另外还有进入一段新的性关系（这常常就会导致她们需要去医生那里开具有关避孕药的处方签），这些都有可能是导致女性

抑郁风险增加的因素。虽然人与人之间的关联通常会让我们的生活更加的快乐和充实，但并非对所有人而言都是如此。所以也有可能是丹麦的女性在研究进行的那些年一直都不太走运，只是碰巧在这期间发现自己处于一些糟糕的关系之中也说不定。

尽管第三方的变量不可能完全不对这个研究结果造成影响（它们一定会的），我还是强烈建议你认真对待这些结论。研究人员对多个第三方变量所造成的影响都进行了统计测试，结果每一个测试都发现，即便是在统计上控制了这些第三方变量的影响之后，含有荷尔蒙成分的避孕产品依然与抑郁症的发病之间存在着关联。更何况，我们也很难想象一个基于第三方变量的解释就可以合理说明为何使用不同的避孕产品会在抑郁风险方面存在差异——有时甚至是相当明显的差异。比如，我们没有理由说，使用非口服避孕产品（存在更大的抑郁风险）的女性比服用口服避孕产品的女性（意味着较小的抑郁风险）更渴望看医生来治疗抑郁症（一种第三方变量）或是更容易陷入一段糟糕的恋情之中（另一种第三方变量）。这说明是这些避孕产品中所含有的某些因素本身，正在改变一个人罹患抑郁症风险的程度。

所以，尽管这并非一个加入安慰剂对照组的双盲实验

（这是研究界的黄金标准，也是可以对因果关系的存在做出大胆声明的唯一方式[1]），研究人员仍然对他们的研究设计以及数据分析慎终如始，而这些结果也被发表在了美国顶尖的医学期刊上。虽然这些研究人员无法提供确凿的证据，但它的确是一次经过深思熟虑且完成得非常出色的科学实验。而研究结果就表明，避孕药对部分女性的情绪可能会产生不良影响。

近来，同一个研究团队决定将这一发现进行更进一步的深究：看一看含有荷尔蒙成分的避孕产品是否同样会增加女性自杀的风险程度。自杀是一种不可逆转的悲惨结果，其发生往往都是源自心理的健康问题没有得到及时的关注。在这项研究中，研究人员追踪了从1996年至2013年间所有年满15岁的丹麦女性对含有荷尔蒙成分之避孕产品的使用情况、自杀企图以及死亡状况。[2]他们对所有样本中的女性进行了平均长达8年的追踪，然后就使用含有荷尔蒙成分的避孕产品的女性与未使用此类避孕产品的女性企图自杀或成功自杀的可能

1 这里顺便提一下，其实大多数关于避孕药的研究都没有采用这种实验方法。这是已经完成的许多研究工作中的一项劣势。加入安慰剂对照组的双盲实验在避孕药的研究领域算是绝对的少数。

2 与之前的研究相同，它们并没有包含任何先前已经被诊断出患有心理疾病或是使用过抗抑郁药物的女性群体，也没有包含那些在她们15岁进入研究时就已经在使用含有荷尔蒙成分的避孕产品的女性群体。

性进行了分析与比对。

在对这些女性群体进行比较时，研究人员发现她们在自杀行为的风险程度上存在着惊人的差异性。在追踪的这8年期间，使用含有荷尔蒙成分的避孕产品的女性自杀未遂的可能性是未使用此类避孕产品的女性的两倍。这个数字本身就足以令我们瞠目结舌了，然而实际上自杀已遂的风险甚至比这还要高，是未使用含有荷尔蒙成分的避孕产品女性的三倍之多。此外，正如他们在抑郁症风险方面的研究中所发现的那样，含有荷尔蒙成分的避孕产品对自杀风险最严重的负面影响，也同样是存在于使用非口服类避孕产品的年轻女性（15～19岁）族群中。

这绝对是一场悲剧。虽然自杀的发生是由各式各样不同的原因所造成的，但我们没能认真地对待自己的心理健康问题也算得上是导致悲剧发生的原因之一。在这个星球上，女性群体的心理健康问题大概是所有群体中最不受重视的了，特别是当这些问题与荷尔蒙或是避孕药扯上关系的时候。

尽管这样的情况在女性中日渐好转，但在很长一段时间里，医生们并没有认真对待他们的女性患者在采用避孕措施后所产生的各种情绪问题。女性常常被告知，她们只不过是在幻想自己的感受，或是她们的这些症状“全部都只是在她们的头脑之中”而已（说得好像这些症状还可以从大脑以外的其他地方生出来一样）。即使到了今天，医生们似乎对服药女性的情绪变化有了一定的认知，但是这些变化的严重性往往会被轻描淡写地带过去，充其量就是被当作类似经期腹胀或出血这类令人讨厌的副作用罢了。而且话说回来，我们之所以会被如此对待，从某种程度上讲，其实我们自己也是“同谋”，默许着这种态度的存在。不知为何，我们似乎都可以接受，只要没有意外怀孕，忍受一些心理健康上的问题对自己和其他女性而言应该也不算什么太大的问题。而这句话本身——从字面上来看——就完全是精神错乱的表现。

你的心理健康是一件非常严肃，也非常重要的事情，你渴望感受到平衡和快乐也不是性格上的缺陷。任何会让你产生这种想法的人都没有为你的利益最大化着想。如果你在服用避孕药之后出现了心理健康方面的问题，绝对应该和你的医生谈一谈。而如果你的医生没有把你的问题当回事儿，那么就是时候该换一位新的医生了。服药后变得抑郁或焦虑并不意味着你有什么问题，或是你的情绪不够稳定，它只是意味着你的身体可能不太能容忍它的荷尔蒙在你的体内胡闹。你需要认真地对待自己的感受，并且确保你的医生也是如此。正如同丹麦的女性向我们展示的那样，没有认真对待自己的情绪问题可能会导致最悲惨的后果。女性不应该为了避孕而失去自己宝贵的生命。

那么，为什么会影响情绪呢?

谈到关于避孕药可能影响情绪的原因，最应该承担责任的两大系统分别是HPA轴（关于这一点，我相信到现在知道的可能比你希望知道的还要多）以及我们的某些神经递质系统。尤其是，研究还发现，影响我们的大脑减缓自行运转速度的能力以及那些参与我们感受奖赏的能力的神经递质，可能会在避孕药的作用下发生改变。

首先，是HPA轴。这部分我们之前已经探讨过很多了，所以这里我不会花过多的时间把你已经知道的内容再重复一遍。不过，仍然值得再次提到的是，我们通常在服用避孕药的女性身上所观察到的HPA轴的钝化，是导致心理健康问题——包括各种类型的创伤后应激障碍（PTSD）的情绪障碍特征——的已知要素。皮质醇等压力荷尔蒙可以帮助我们的身体应对压力。由于缺乏应对压力所必需的生物工具，你应对压力的能力也会因此受到损害，而应激反应能力的失调可能就是诱发产生焦虑和抑郁的关键因素。

除了使我们无法有效应对压力从而直接对我们的情绪造成伤害之外，应激反应的钝化还可能通过对“我们从环境中吸收有感情且有意义的事件的能力”造成负面影响，从而以一种更间接的方式来损害我们的情感健康。你可能还记得上一章中我们所讲到的，缺乏面对应激反应时的皮质醇激增，会使得大脑将情感价值事件编码至我们记忆中的能力受到损害。那么，如果说避孕药可能会降低女性将有意义的生活事件从短期记忆转移到长期记忆中的能力，也不无可能。随着时间的推移，这可能会导致她们的大脑就此相信她们的生活缺乏意义和刺激。而应该没有什么事会比这更令人沮丧的了。

然而，HPA轴的变化只不过是避孕药对情绪影响这块拼图上的第一片而已。第二片拼图——也是研究界最受关注的一个问题——就是神经递质系统的作用，比如参与GABA[1]信号传导的神经递质在造成服药女性产生不良情绪方面所发挥的作用。但是，要开始这一话题之前，我需要先让你快速了解一下关于神经递质的三个要点：

要点1：神经递质是大脑与自身以及身体的其他部位进行

1　又名γ-氨基丁酸，就好像我们曾经有人这么称呼过它似的。

通信所使用的化学物质。

要点2：兴奋性神经递质会告诉你的脑细胞做好行动准备，让它们有更多的可能向大脑中的其他细胞发射出讯号。这些是让你保持警觉、随时准备行动的神经递质。

要点3：抑制性神经递质在另一方面却会告诉你的脑细胞要放慢步伐，让它们比较不可能向大脑中的其他细胞发射出讯号。这些是让你放松、安心、仿佛沉醉在圣歌的熏陶之中的神经递质。

大脑中最普遍也最常用到的抑制性神经递质就是GABA。作为大脑内各种抑制性神经递质中的超级明星，当你的大脑试图让自己减速运转，通常就是它们盛大登场的时刻。比如，当你穿着宽松的家居服，悠然自得地坐在壁炉前的时候，你的体内就会释放出GABA；当你在进行冥想或是瑜伽这类活动的时候，也会释放出GABA。当GABA受体接收到刺激时，它会在大脑中产生强大的抗焦虑效果，帮助你感受到一个更加平和、放松，也更超然的自己。

有趣的是，你不仅可以从GABA中获得这种放松又舒适的GABA等级的美好体验，你还可以从其他一些可以刺激GABA受体的物质中获取同样的感受。这就是为什么酒精和苯二氮平类药物（比如阿普唑仑）会如此迷人的原因。它们通过促进GABA受体的活动，减缓你大脑中神经元的突触放电，以此来施展诱人的黑魔法，让你感觉……啊……舒坦啊……这就是为什么在压力感爆棚的一天结束后喝上一杯会有助于缓解你紧绷情绪的原因。酒精让你的大脑运转速度变缓，让你把所有那些回家路上还在耿耿于怀的蠢事都抛到九霄云外，让你那些在香槟打开、酒倒出来之前的坏心情都可以暂时得以安放。

现在，最酷的地方来了：我们的身体实际上会生成一系列类似酒精或是阿普唑仑那样的化合物，但是却没有消耗任何的卡路里或是会让你上瘾的可能性。其中最强大的一种化合物，来自一种被称作别孕烷醇酮的神经类固醇。孕激素在人体内分解时，就会合成别孕烷醇酮，其作用类似于GABA受体的活动，就像酒精和阿普唑仑那样！但是却是从你体内的孕激素中合成而来的！

这是整个排卵周期的过程中类似“复古老妈裤”的那个阶段，女性的身体在为受精卵着床的可能性做好各种万全的准备。人们普遍认为，别孕烷醇酮的合成能减缓女性大脑的运转速度，让她们更愿意在家里放松，而尽可能不要去做一些可能会对最近准备要着床的胚胎不利的活动。因此，黄体期以及相对较高的孕激素水平所带来的一个好处就是，它可以允许合成更多这种可以使人镇静的神经类固醇。

然而很不幸的是，对服用避孕药的女性来说，避孕药中所含有的人造孕激素似乎并没有提供同样的好处。事实上，研究表明，相较于未服药的女性，服用避孕药的女性无论处于排卵周期中的哪一个阶段，其体内所生成的天然镇静剂水平都相对更低，这也就意味着对服用避孕药的女性而言，她们体内天然存在的欢乐因子可能会相对较少。

在一项特别精心执行的研究实验中，研究人员观察了避孕药对大鼠以及女性体内孕激素的镇定衍生物：别孕烷醇酮水平变化的影响。母鼠和女性受试者都在连续三个周期中服用了含有炔雌醇（EE）和孕激素左炔诺孕酮（LNG）的避孕药。然后，研究人员测量了她们的血液（人类和大鼠）以及大脑（仅大鼠）中别孕烷醇酮的水平。

结果发现，服用了避孕药的大鼠脑中别孕烷醇酮的水平，相较于未服用避孕药的大鼠而言，下降了惊人的79%。此外，研究人员还发现，服药雌鼠大脑中的GABA受体含量要比未服药雌鼠的GABA受体多得多。当生物体内GABA[1]活性匮乏时，这种情况就会发生，因为这是大脑在面临重大短缺时

1 唯一有可能让已经够笨拙的首字母缩写GABA变得更不美观的方式，很有可能就是在它的后面再加上一个后缀-ergic了（特别是当它只表示使用神经递质GABA时）。

竭力想通过抓住尽可能多的GABA受体刺激分子来让自己减缓运转速度的一种征兆。

研究中针对人类女性部分的研究也得出了类似的结论。虽然研究人员无法直接评估女性大脑中别孕烷醇酮的水平，但是在服药三个月后，她们血液中别孕烷醇酮的水平明显要低于服药前的水平。其他研究实验也发现了这样的结果。由于在对避孕药的反应中，大脑受到别孕烷醇酮水平的影响通常要比外周血液更为严重，因此很有可能对服用避孕药的女性而言，她们大脑中的情况更加不容乐观。

所有这些都可能会对女性的心理健康造成非常不利的影响。当GABA受体没有受到适当的刺激时，人们就会感觉到焦虑、不堪重负甚至抑郁。不出所料的是，许多与心理健康相关的问题，包括惊恐症、抑郁症、双相情感障碍以及经前症候群所导致的情绪相关症状，都表现出了低于平均水平的GABA活性。GABA活性的匮乏还会增加一个人对酒精依赖的风险，因为对一个充满焦虑、迫切需要平静下来的大脑来说，酒精绝对可以算得上是一种极具诱惑的替代品。尽管目前还没有公开发表的研究可以明确地将避孕产品的使用与酒精依赖的风险联系起来，但是如果你有酗酒的家族史，这可能会是值得你关注的一个问题。在美国，女性是酒精使用障碍的族群中增长最快的一个群体，因此应该不难想象，避孕药对大脑中GABA活性的影响，的确有可能增加她们对抑郁和焦虑进行自我治疗的倾向。

除了观察到女性GABA系统的变化之外，研究还发现，多巴胺和5-羟色胺信号的变化也可能在避孕药对情绪相关变化的影响中发挥着作用。多巴胺和5-羟色胺与GABA一样，都是神经递质的一种。而这两种化学物质在创造我们生命中那些怦然心动的心理体验方面发挥着至关重要的作用。当我们与所爱之人共度美好时光之时、品尝热熔巧克力圣代之时、坠入爱河之时、做爱以及达到性高潮之时，这些化学物质都会大量地释放。正是通过这些神经递质的释放（创造出无与伦比的幸福感乃至飘飘欲仙的体验），我们的大脑达到了奖赏自己的目的，以鼓励我们尽可能地多去进行那些从历史的长远角度来看有利于成功存活和繁衍的活动。做爱、品尝美食、爱与被爱、崇拜与被崇拜……所有这些事情对我们来说都是如此美妙的体验，因为我们的大脑在设计之初就接到指令，当我们在做一些最终有利于基因传递的事情之时，大脑就要释放出这些会让我们感觉到幸福——奖赏——愉悦的化学物质。

考虑到它们在促进基因传递方面所做出的积极贡献，我们应该不难理解，这些神经递质系统会随着女性性荷尔蒙的周期性变化而发生变化。具体而言，研究发现，雌激素会使人体感受到相较于雌激素匮乏时更加明显的奖赏反应；而相反，孕激素则会削减这些影响。因此，雌激素会让性爱的感觉更加性感，让巧克力吃起来更加美味，让获得社会地位提升的优越感更加强烈，而这一切都再合理不过了。自然选择会在周期中可能受孕的时间里加大幸福感的投放量，这是理所当然的事情啊。我们的感受越好，才越愿意做这件事儿嘛。而说到影响基因传递的最佳时机，那无疑就是雌激素分泌水平达到峰值的时候了。因此，雌激素会让愉悦感更加愉悦，而孕激素则恰好会产生相反的作用。[1]

1 这是我们在药物成瘾的背景下经常会研究的内容。原因是，滥用药物（如可卡因、阿片类药物等）会通过劫持你大脑的奖励系统来施展它的黑魔法。它们之所以会如此容易上瘾，是因为它们会过度刺激你大脑感受愉悦的受体，就好像把你彩票中了大奖、有生以来最棒的一次性经历，还有吃着热熔巧克力圣代这些所有瞬间的感受全部加总在了一起。但这会使得日常生活中那些让你感到快乐并且会促使你的行动的事物（比如正常的做爱，或者热熔巧克力圣代）似乎成了不值一提的事，因为它们永远不可能与药物所带来的超级刺激感相媲美。看过了灯火辉煌的巴黎，谁还会想回去鸡鸣狗吠的农场呢？可能与你所设想的一样，鉴于雌激素对大脑奖励中枢所造成的影响，这项研究也发现，雌激素的确可以增加类似于可卡因等药物的奖励效果；而反之，孕激素则会降低它们的奖励效果。由此产生的一个有趣的可能性是，也许避孕药可以通过降低性荷尔蒙的分泌水平来帮助那些与药物成瘾做斗争的女性。

考虑到避孕药使雌激素在整个排卵周期中都保持较低的水平（并刺激孕激素酮受体），这可能会削弱大脑中的奖赏处理的效果。如果这个世界看起来毫无回报，我们就会觉得生无可恋。而抑郁症的一个标志性症状就是人们无法再从曾经让他们感到愉悦的事物中找到快乐（失乐症）。因此，避孕药可能会通过减少愉悦的愉悦感，进而增加一个人罹患抑郁症的风险。与此观点相一致的是，研究也发现，与经历自然周期的女性相比，服用避孕药的女性对快乐的事物在情感上的积极反应也相对钝化，当看着自己爱人的照片时，她们大脑中的奖励中枢并不活跃（而自然周期的女性则会引发这样的反应）。这表明，通常可以引起大脑感受到愉悦的事物，在服用避孕药的女性中不会引发同样的反应。尽管导致这些差异的确切原因我们不全然了解，但它们全都指向了同一种可能性，即服用避孕药可能会改变神经递质传递的模式，从而对心理健康造成负面的影响。

我是否也深陷风险之中？

研究表明，避孕药可能会给部分女性带来非常严重的心理健康问题。但是有一点很明确的是，并非所有女性都面临相同的风险。例如，研究发现，具有某种特定类型的矿物皮质素受体[1]基因的女性，似乎可以免受大部分由避孕药所带来的负面情绪方面的影响。而事实上，可能还存在着成百上千个其他类型的基因，也会影响女性对避孕药的反应，只是还尚未可知。也许我们永远都无法得知。但有一点很清楚，避孕药究竟会伤害还是解决你的情绪问题，这是因人而异的事情，而现在的科学水平还没有达到可以对“在什么人身上正在发生什么样的事情”以及“会对谁造成什么样的影响”这类的问题做出精准预测的程度。

不过别担心，一切都还有转机。我们从研究中至少可以得出一些结论，而你现在就可以利用这些信息，来为自己的健康做出更明智的决定。根据研究结果，如果你符合以下几种情况，那么服用避孕药就可能会增加你出现负面情绪效应的风险：

你有抑郁症或其他精神疾病的病史（虽然也有证据表明避孕药可以稳定某些患有精神疾病的女性的情绪）；

1 尤其是，这项研究还发现，有一组特定的矿物皮质素受体基因（Ⅱ型单倍体）似乎能保护女性免受避孕药所带来的负面心理的影响。具有这种单倍体的人也往往更加快乐且乐观。

你或你的家族有由避孕药引起的情绪相关副作用的经历；

你服用的是仅含有孕激素的避孕药；

你使用的是非口服类避孕产品；

你服用的是多相位避孕药（这种药物在整个排卵周期的过程中的荷尔蒙剂量会逐渐增加，而非恒定剂量）；

你的年龄在19岁及以下。

这些要点可以作为一个起点，让你可以拿来与医生讨论服用的避孕药可能遇到的任何心理健康问题。但这绝不代表你的命运就是如此而已。即便你是一个有家族抑郁症史并在使用避孕贴的18岁少女，如果没有出现任何心理健康问题的迹象，那么就意味着你所用的避孕产品会突然导致你产生情绪问题的可能性非常低。特别是如果你已经使用了一段时间，并且感觉非常好，那么突然会产生新的情绪问题的可能性就更低了。如果你对自己正在使用的避孕产品感觉非常满意，那么知道这样真的就足够了。在为自己选择最适合的避孕方式时，你自身的状况才是最重要的数据参考。

此外，还值得一提的是，虽然有部分女性在使用避孕药时可能会出现负面的情绪变化，然而也有部分女性会出现与此截然相反的情绪反应。服用避孕药非但没有让她们感觉情绪变糟，反而还觉得自己比没有服药的时候状态更好，心理状况也更加健康了。例如，在一项研究中，研究人员分别对3000多名女性在开始服用含有炔雌醇和第三代孕激素脱氧孕烯的避孕药之前和之后的生活品质进行了评估。他们发现[1]这些女性生活品质的分数——特别是与情绪相关的部分——在她们开始服药后有了显著的提升。此外，在服用含有第四代孕激素屈螺酮与第三代孕激素孕二烯酮避孕药的女性身上也发现了类似的结果。因此，对部分女性而言，某些避孕药可能会改善情绪并减少易怒的情绪状况。

此外，研究还发现，对有严重经前症候群的女性来说，避孕药可以为她们的情绪稳定带来很大的帮助。经前症候群通常发生在排卵周期的黄体后期（月经来潮前的最后一个星期左右），伴随着一系列的生理及心理症状，包括情绪波动、腹胀、疲惫感以及一大堆会让女性（及其周遭的其他人[2]）苦不堪言的其他变化。尽管一些研究发现，经历经前

1 然而，这项研究并没有使用对照组（也就是另一组没有服用避孕药的女性），来对服用避孕药女性的实验结果进行对比。这一点是很值得记住的，因为研究人员在各种关于避孕药和情绪方面的研究中发现了相当大的安慰剂效应。

2 嘘……可千万别说这是我告诉你的。

症候群的女性在服用避孕药时可能更容易出现负面情绪的变化，但也有相当多的研究表明，避孕药对部分患有经前症候群的女性而言可能是她们的救星，它甚至可以缓解经前焦虑症（PMDD），这是经前症候群中一种更为严重、有时会造成失能的延伸形式。

避孕药之所以可以帮助这些女性，是因为经前症候群和经前焦虑症的症状通常被认为是由于周期中荷尔蒙水平的变化导致异常的生理反应所引起的。避孕药消减了荷尔蒙分泌的波动曲线，使其达到保持稳定不变的水平。因此对那些大脑和身体面对荷尔蒙的上下波动会产生不良反应的女性而言，避孕药就可以缓解经前症候群的一些不适感。这对那些在周期中使用相同剂量荷尔蒙的避孕药（单相药物），或是让你在服用三个月稳定剂量的荷尔蒙药物后再服用一个星期的安慰剂药丸以诱发假性月经的品牌来说，效果尤为明显。在权衡避孕药的各种选择时，这也是值得你记在心上的一大优点。有些女性信誓旦旦地声称避孕药简直就是让她们保持情绪稳定的神药，反而在停药后会感觉非常糟糕。

然而，避孕药究竟会让你感觉如何，最关键的还是取决于你自己。你自己的感觉究竟如何呢？我们每一个人对所服用的任何东西的反应，多多少少都会有些微的不同，所以你自己感觉如何，那才是你真实的生物反应。因此，当考虑究竟哪一种避孕药最适合你的时候，你才是唯一重要的数据参考。

请再容我多啰嗦几句……

虽然说这本书的设定更偏科学领域而非心灵励志的类型，但我还是想再多给你提供一些建议。每一次当你开始服用一种新的避孕药时，请记得要告诉你身边亲近的人，让他们帮忙留意并告诉你，是否注意到任何你行为上的变化，因为这些都有可能是抑郁症发作的迹象。荷尔蒙对我们情绪所造成的影响之所以会有点儿恐怖，是因为很多时候，我们都无法分辨究竟是它们导致了我们感觉上的不同，还是我们看这个世界的方式发生了变化。因为避孕药中所含有的荷尔蒙会影响大脑的功能，因此我们几乎不可能将荷尔蒙所做的事与我们本身分离开来。那种感觉就好像是避孕药在我们的大脑之中创造了一个现实的版本，而我们总觉得那个才是真实的世界，一个活脱脱的**真实世界**。这就让我们很难去发觉到抑郁症的悄然而至。我们不太会觉察到是避孕药在扰乱我们的情绪，可能只是觉得自己的生活变得越来越糟糕了，或是我们的工作压力越来越大了。但是如果你告诉身边的人，自己正在尝试一种新的避孕药，他或者她或许就可以帮助你意识到任何情绪或行为变化的蛛丝马迹，这样你就可以再去尝试其他的避孕药物或是避孕手段，找到最适合自己的那一种方式。

除此之外，我认为你也应该考虑保持记日记的习惯。如果可能的话，在开始服用避孕药之前就开始进行，这样你就会拥有一份关于你在服药前后感受变化的书面记录。当我们感到悲伤或焦虑时，我们的大脑总是会对我们耍一点儿花招，告诉我们：我一直都是这样的感受。这是它在我们脑海中创造出来的一种幻觉，让我们感觉即便随着时间的推移，我们的情绪依然可以保持稳定和一致。因此，如果在服药前就存有关于自己情绪状况的铁证，那么就可以帮助你以更加客观的方式去思考过去的情况，也更容易察觉到服用避孕药后你的情绪可能出现的任何微妙的变化。在每一项条目中，可以通过设定一些评分标准来记录自己的情绪、能量水平以及幸福感，比如下面我举的这个例子。这将帮助你在尝试一种新药时可以密切关注自己的状况发生了怎样的改变（或者没有任何改变）。

如果你已经在服用避孕药了，现在开始追踪自己的情绪变化也为时不晚。你可以只是简单地记录一下自己的情绪变

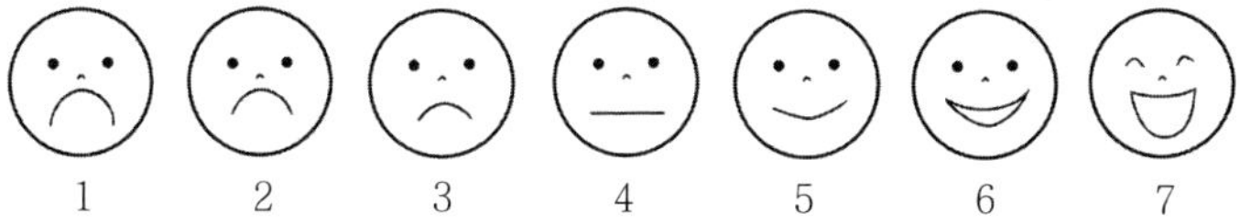

我感觉很难过/焦虑　　我感觉好极了

使用类似这样的评分标准来追踪自己在服药与没有服药时的情绪变化，有利于随时关注避孕药是否会改变你的情绪。

化模式。如果你感到快乐的日子比悲伤的日子来得多，那可能意味着一切都在正确的轨道上进行着。没有人会一直都是快乐的，但是当我们的生活都一切顺利如常，那么我们感到快乐的日子就应该多过悲伤的日子。所以如果你觉得自己快乐的日子不如你预期的多，那么就该去和你的医生聊一聊了。也许是时候去尝试一种新的避孕药或者正视你长久以来都置之不理的心理健康问题了。如果你连自己都照顾不好，那么你也不太可能会照顾好其他人。你需要把自己和你的心理健康摆在第一位，而把它们记录下来就是你关心自己非常重要的一步。它可以帮助你更多地了解自己的内心以及在服药前后情绪上的变化，这样你才可以成为你最想成为的那个自己。

第三部分

未来的你

第9章　意外后果定律

大自然是个很难捉摸的世界。它之所以如此的难以捉摸，其中一个原因就是，自然界中的所有事物都是相互依存的。这意味着：你不可能只改变其中的一个事物而没有对其他事物造成任何影响。这也是为什么时间旅行是一个糟糕的想法，还有，为什么得克萨斯州发生的龙卷风总是要怪罪于那只生活在巴西只是拍了两下翅膀的蝴蝶……无论何时，只要你身处一个相互依存的系统——在自然界里，我们一直身处其中[1]——那么你在A点所做的一点点小小的改变，都可能会导致B的变化，然后这种变化越滚越大，越传越广，最终到达Z，形成一系列的连锁反应。

其实这个观点一直都贯穿于本书之中，尽管我们从来都没有直接谈论过。避孕药所产生的一切影响——它在女性体内所导致的所有变化——都是因为身体的各个系统之间相互依存、密不可分，才会这么容易出现类似于这种“我可没想到**那件事**会发生！”的效应。女性的性荷尔蒙还影响着人体内正在发生着的一系列其他的事情（而这些事情又会对其他事情造成影响，然后那些事情又影响了另外的事情……），这就是为什么避孕药对我们所造成的改变远远不仅是抑制每个月一次的排卵这么简单，我们的方方面面都可能在潜移默化中发生了天翻地覆的变化。避孕药改变了**一切**。[2]这还包括

1 倘若你需要这方面的证据，可以找时间去研究一下食物链。我们与其他生物（也包括非生物）之间相互依存的程度着实会使人惴惴不安。这就是保育生物学家看起来总是紧张兮兮的原因。他们深知自然界中的这种生态平衡究竟有多脆弱，并对此心存敬畏。他们比任何人都清楚，我们整个物种的命运，可能会因为一只蓝翅杜鹃鸟的交配行为或是一团黏菌光合作用的速度而发生彻底的改变。

2 如果不是真的改变了一切的话，那么用一种“为了达到效果我是夸张了点儿，但是也没夸张多少”的比喻方式来看，也算是改变了一切吧。

貌似与性无关的那些事情：它改变了我们消化系统的工作方式，改变了我们的微生物群系的样貌，改变了我们免疫系统的功能，改变了我们其他内分泌器官的功能，改变了我们新陈代谢的运作方式——当然也包括改变了我们大脑的运行方式。避孕药所产生的影响从头到脚贯穿于女性整个身体之中，彻底改变了她们的大脑原本所创建的那个版本的自己。

然而，避孕药改变女性的方式也不过只是冰山一角。因为女性自己的身体根本就不是这个事件的终点。每个女人都存在于一个相互依存的人际网络之中，其中包含了她的朋友、家人、恋人、同事以及其他所有会和她打交道或受她影响之人，而她，就是这个庞大的人际网络中的一个起点。这意味着当女性服用避孕药的时候——她们被改变了，她们所做的事情也改变了——而这又会影响她们周遭的其他人，然后他们也被改变了，他们所做的事情也将因此而改变。避孕药通过改变女性，就可以有能力对她所遇到的每一个人和每一件事造成强大的级联效应。而当你将这种效应放大数百万（这是世界各地服用避孕药的女性总数）倍的时候，你就会发现，避孕药改变了整个世界。

女孩力量以及性别成就差距

在过去25年的时间里，如果你曾经有机会在大学校园里待过一段时间，你可能会注意到身边男生的数量不是很多。这可不是你的幻觉。美国大多数大学校园的女性注册人数，绝对会让50年前即便是最乐观的女权主义者们也感到无比震惊。2017年，美国大学校园中超过56%的大学生是女性，从注册人数上来看，女性足足比男性多出约220万人。而且，女性不仅仅是在入学率上大大胜过男性，她们的毕业率也更高。2015年，在25~34岁的女性中，有37.5%的人拥有大学学士学位，而同样年龄区间的男性占比仅为29.5%。

这种教育和工作表现上的转变通常被称作男女间的性别成就差距。你看到这个成就差距的发展历程（参见下页图），很明显可以看出，任何故事都是有两面性的。

故事的第一面，是现如今的女性比以往取得了更加辉煌的成就。回溯到20世纪40年代，年龄介于26~28岁之间的女性中，只有大约10%的人完成了大学学位；而这个数字到了2017年则增长了35%。现在女性的大学入学率、毕业率以及进入职场的人数都是有史以来最高的。我们有充分的理由相信，避孕药在其中发挥了非常重要的作用。它让女性可以顺利完成

年龄介于26~28岁之间拥有学士学位的人数百分比

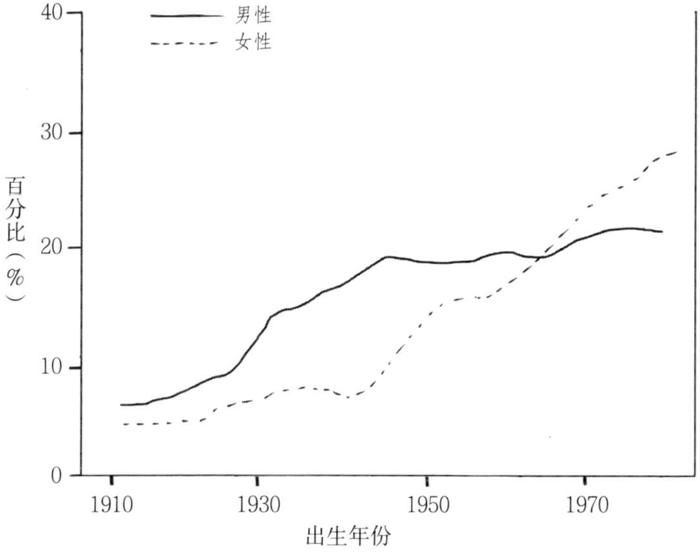

尽管曾经男性获得大学学位的人数比女性多，但是现在女性在大多数教育指标上的表现优异度都超越了男性。

学业，并在职业生涯中一步一步地向上迁升，再也不必担忧因为怀孕而被边缘化，我们正在用我们的祖母们永远无法想象的方式，在各式各样的舞台上大放异彩。

而故事的第二面，则是男性所取得的成就比以往有所下降。而且，正如你很快就会了解到的那样，避孕药在其中可能也起了不小的作用。避孕药的出现，导致所有和“性”有关的事情都发生了改变——除了改变女性的作为，它可能也改变了男性的作为……或者不作为。

但居于首位的，自然是女性。

就跟我认识的大多数女性一样，在成年之后的很长一段时间里，我都理所当然地觉得根本不必担心因为做爱而意外怀孕的问题。然而纵观整个女性的历史，现在的游戏规则早已今非昔比。我们现在的生活和我们曾祖母的年代有着天壤之别，而说到底这一切在很大程度上都要归功于避孕药的发明。

女性再也不必因为做爱后的意外怀孕而不得不奉子成婚或者早早就被迫为人母，当拥有了选择的权利，她们就可以更加专注于自己的教育和职业生涯的发展，先立业，再成家。而这对女性有机会实现自己的梦想而言是至关重要的事。但或许更重要的是，避孕药让女性——有史以来第一次——拥有了可以规划自己人生的机会。明白自己意外怀孕的概率几乎为零，那片多年来一直萦绕在女性头顶阻碍我们追逐梦想的乌云终于可以散去了，而那却是我们的祖母和曾祖母她们那个年代永远无法挣脱的枷锁。因为对她们而言，任何制订好的计划都可能随时因为意外怀孕的现实而化为泡影。

这片乌云的消散，让女性可以有更多的机会在各种高学历的场合上展现自己的声音和面孔。大多数人都不愿冒险去承担一个规模庞大且成本高昂的项目，除非他们有足够的自信认为能跨越终点线。然而几乎没有什么项目会像获得高级学位这样需要付出如此高昂的代价了——不但要申请学贷，而且几乎所有形式的满足感都会被迫推迟好多年[1]——许多高级学位都需要人们留校直到接近30岁才能完成。我在大学本科毕业后就接着去读了研究所，而即便是这样，也是在快到29岁的时候才拿到了我的博士学位，但我已经算是“快速”完成使命的幸运儿了。对那些研究医学或是物理科学等领域的女性来说，这个时间线可以被拖延到30岁以后。如果没有可靠的避孕方式，选择进入这些领域的女性将不得不接受一个非常残酷的现实：那就是她们所投入的大量时间和财力都有可能因为一场意外的怀孕而让一切都付诸东流。避孕药的问世，彻底改变了女性的游戏规则，让她们有足够的信心坚信自己的学业不会因为意外怀孕而遭到中断，而她们对这种改变的反应是压倒性的。

在1970年以前，需要研究生以上学历的职业中几乎没有一个女性。然而所有这些，都在我们历史上的那一刻——也

1 如果你不相信的话，可以找一个研究生来问问看。她们会告诉你学贷到底有多昂贵，还有当她们的朋友都已经找到了工作赚到了钱，也开始拥有自己真正的人生时，她们却身无分文地住在一个老破小的公寓里，不得不整日面对各种压力还有失眠，这样的生活究竟有多糟糕。

就是避孕药对单身女性合法化的那个时候（即20世纪60年代末至70年代初[1]）发生了彻底的转变。正如你可以从下面的图表中所看到的那样，一旦女性感觉到她们对自己的生育拥有了掌控权——而且知道她们不会因为意外怀孕而被迫中断学业——她们申请研究生学位计划的数量就开始急剧增加。尽管女性在这些领域中数量的激增也得益于在招生过程中性别歧视问题的减少，但这些效应的最大助力实际上仍然是女性申请人数的巨幅增长。

对女性来说，只要有机会，她们就可以做到。

面对避孕药所带来的自由，女性的生活并没有因此就变得为所欲为、放荡不羁（这正是很多禁欲主义者希望你相信的），相反地，她们更愿意接受高等教育，也更多地参与到法律、医学、科学、政府以及商业等各个领域中来，并为此做出了不小的贡献。虽然现在的你我都觉得这是理所应当的事儿，但长久以来，女性胸怀大志几乎都是一场遥不可及的梦而已。

我认识的一些最杰出的科学家——正致力于研究治疗癌症的新方法以及预防衰老所导致的各种疾病这类的前沿科学

1 在此之前，避孕药只对已婚女性合法，而我想我们都会认为这种法令的存在真的是莫名其妙。

每年申请医学院和法学院的女性百分比

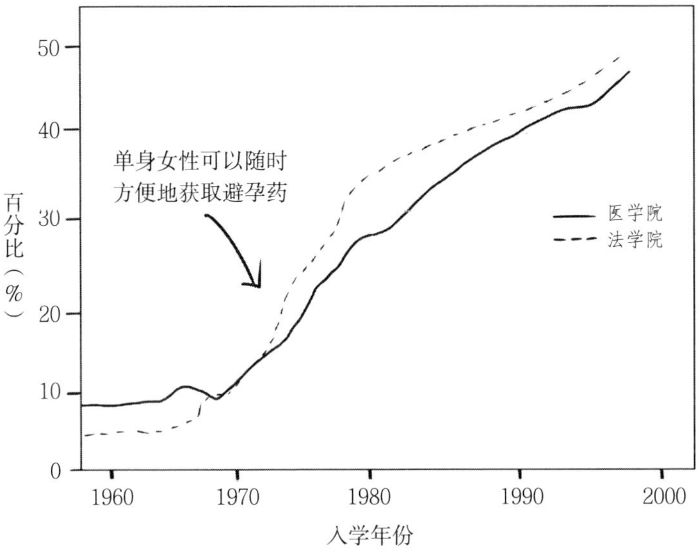

一旦单身女性能够合法获得避孕药，申请法学院和医学院的女性人数就开始急剧增加。

家——都是女性。然而倘若仅仅是在50年前，很多这些优秀的女性很可能会因为生育的需求而不得不放弃多年的教育和训练，从此面临被社会边缘化的命运。而今天，避孕药为解决某些世界上最棘手的问题开辟出了一个巨大的新人才库。

如果你觉得这些棘手的问题都跟你扯不上半毛钱关系，那么可以去想一想曾经出现在你生命中的那些优秀的女性，她也许是一位老师或者教授，对你职业目标的设定给予了巨大的帮助；也可能是一位医生或者护士，在你生病或是害怕的时候给予你温柔的慰藉。想想所有这些优秀的、杰出的、有趣的、富有同理心的女性吧，如果她们没有采取可靠的避孕手段，她们的声音可能就不会被我们听见，她们的贡献也不会被我们看见。我们每一个人都应当对我们身处的时代心存感激，因为我们每一个人都能从这些女性的雄心壮志中受益良多。如果这些女性没有找到可靠的节育方式，那么这个世界将会黯然失色，我们也将面临一种截然不同的生活状态。

避孕药让女性有更多机会出现在教育领域和职场之中，世界也因此而改变。无数具体的成就——现代技术的开发、治疗手段的发现、人们之间的相互帮助——可能都要归功于避孕药的存在。然而并不是所有的变化都是正向的。

女爱，不见得男欢

除非你生活在岩石之下，否则我相信你应该已经意识到，女性是男性的驱动力，那种……强而有力的驱动力。男人所做的很多事情最终（虽然并不总是有意识的）都是为了给女人：给她们留下一个好印象，让她们觉得惊喜，然后追求她们，最后再和她们上床。尽管这听起来就像是精虫冲脑一样的低俗且幼稚，[1]但这样的行为模式却得到了大量数据的支持。[2]自然选择就是将男性的大脑设定好要去做这些女性所在乎的事情。这也是为什么在艺术领域拥有灵感的源泉如此的重要，以及为什么希腊船王奥纳西斯会说出那句“如果没有女人，世界上所有的钱就毫无意义”的世界名言。

他说得一点儿都没错。这是真的。毫无意义。不信的话随便找个男人来问问。

女性之所以对男性而言有如此巨大的激励作用，是因为要不要发生性关系，她们说了才算。女性可以拥有这样的特权，是因为她们物以稀为贵的性细胞还有长达至少9个月的孕期投入使得她们有史以来在“性”这件事情上都需要付出比男性更加昂贵的代价，她们自然得审慎以对，而这就是她们掌握着“性”杀大权的关键。而在自然界中，每当一方挑三拣四的时候（通常都是雌性），你就会发现另一方（通常都是雄性）都会不遗余力地去争取到这个百里挑一的机会。这

1 自然选择的进化过程所塑造的一切其实都是精虫冲脑的结果。精虫冲脑从字面意义上来理解就是它的作用机制。

2 而我可以向你保证，如果你去问任何一个在互联网出现之前的成年男性，他绝对会告诉你，他大多数“自我解决问题”的技巧都来自想方设法地去找到一个可以偷窥的裸女。

就意味着男性的大脑已经被自然选择的法则设计成了想方设法就是为了去接近女性的思维方式。[1]如果女人只愿意跟会跳探戈还有会弹钢琴的男人上床，那么男人们立刻就会去学跳探戈和弹钢琴；如果女人只愿意跟会织毛衣并会调制血腥玛丽鸡尾酒的男人上床，那么这个世界上就会到处都充斥着毛线织品还有早餐餐桌上随处可见的鸡尾酒。女性对男性提出的条件越多，他们就会越投其所好、乐此不疲，以求能成为百里挑一的那一位。

在人类历史大部分的时间里，要女性对性说“Yes”都不是件容易的事。她们把标准放得那么高是有原因的。在各种避孕措施还没有被发明出来以前，性行为在某种程度上总是会伴随着怀孕的风险，所以一个女人在考虑要选择和哪一个伴侣发生性关系之前，都会先进行深思熟虑的审查过程，以确保万一自己意外怀孕，她不会被迫与一个毫无担当的花花公子一起养育孩子。她们在选择性伴侣时，必须以选择结

---

1 仅凭作为有选择权这一项优势，女性就可以激励男性做出各种让人喜出望外的事情。尽管这一切的原动力（说白了）都是为了性，也不应该坏了我们对此的兴致。人类有许多美好的特质——比如我们拥有同理心，对他人充满善意——会被选择保留下来的根本原因，就是因为它们有利于繁衍后代。并不见得是它们有多值得推崇，只是这样从生物学上比较可以说得通罢了。

婚对象那样的标准来衡量对方——他们是否言而有信，是否胸怀大志，是否拥有为人父的潜质，这些都是女性考虑的重点，因为十有八九，前者最后就会变成后者。

但是如今的我们再也不必为此担心了。我们有避孕药这个保护神。现在的女性可以想和谁做就和谁做，想什么时候做就什么时候做，无须担心这些男人会不会是个渣男或者根本不配当爸爸。只要她们愿意，女性也可以像男性那样，依照长期伴侣的择偶标准选出一个伴侣（这些标准通常都会是一个巨长无比的列表，包括赡养能力以及育儿潜质等），同时再挑选出一个符合性爱标准的对象（这个标准列表通常就短多了，主要就是些与“性感”这个词儿差不多意思的同义词而已）。正因如此，现在的女性比历史上的任何时候都拥有更多性行为的机会，也拥有更多的伴侣，哪怕是那些她们完全不会想结婚的对象。[1]

而且，从很多方面来看，这都是一件大好事儿。女性在对性说“Yes”的时候，终于可以放下还要肩负世界使命的重担了。此外，她们还可以在认定自己的终身大事、步入结婚

1　你我都知道，倘若怀孕不是“完全免谈”的事，我们的性史将会有很大的不同。

的殿堂之前，有机会接触各种不同类型的男性，尝试不同类型的伴侣关系。而这些不论是对男性还是女性而言，都是大有益处的。

然而，这些改变也不是没有任何代价的。对性的渴望以及试图证明自己配得上性行为的需求，一直都是男人性动力的强大来源。然而当性变得唾手可得的时候，男人就失去了那个在自然本能的驱动下自古以来最强大的成就动机。因此，尽管避孕药及其所带来的自由或许是造就女性比历史上任何时候都拥有更多成就的原因，然而它对男性则可能产生完全相反的影响。

这些可能正在潜移默化中发生着的事情，绝对不仅仅是我的臆想而已，我的实验室中所进行的实验研究可以支持这一观点。我们发现，男性的成就动机以及自我控制能力与他们对女性性需求的信念密切相关。在这些研究中，我们随机分配男性受试者阅读两篇报纸文章中的一篇（内容其实是虚构的——但是他们并不知情）。其中一篇中的内容是，现在约会和一夜情对男性而言越来越不容易了，因为女性挑选性伴侣的标准比以往高了很多；而另一篇说的则是，约会和一夜情对男性而言越来越容易了，因为女性对性伴侣的挑选也越来越随便了。然后，参与者需要接受测试，以测量他们的自我控制能力以及成就动机的相关数据表现。

猜猜看，哪一组男性表现得比较好，哪一组表现得比较不好？

答案是，相信女性标准变高的男性的表现超越了相信女性标准变低的男性的表现。而且也只有男性才会这样回应。当我们在女性身上做同样的测试（随机指派她们阅读一篇有关男性择偶标准变高或是变低导致约会变得困难或是容易的文章）并测量她们的自我控制能力及成就动机时，我们发现她们的自我控制能力及成就动机并没有因为所阅读文章的不同而表现出任何的差异。也就是说，男性的成就动机与女性的择偶标准息息相关，而女性则完全不是这么一回事儿。这并非表示所有的男性在诸多便捷的性资源面前都会选择最轻松的那一条道路，但至少其中一部分男性的确如此。而选择这条道路的男性日渐增多，可能正是导致男女之间成就差距逐年扩大的原因之一。

不用怀疑，男性这些年所取得的成就的确大不如前了。在1970年，大多数大学生还都是男性（约有58%），然而到了2000年，这个数字下降到了44%（到目前为止仍然是这样）。这种差异的产生，部分是因为女性参与的更多了，而另一部分也是因为男性参与的更少了（回顾一下本章开头所呈现的图表就可以看到了）。现在的女性在大学里学习的时间也比男性更长，因此毕业率更高，也更容易进入研究所继续深造。此外，男性的失业率也高于女性。总之不管你从哪个角度剖析，男性在教育及职场上的成就现如今在女性面前，都是“完了，完了，芭比Q了”。

作为一名大学教授，这样的状况我看得太多了。我的学生中绝大多数都是女性（我们的大学本科生中有大约60%都是女性），而我的博士生中更有四分之三都是女性。我带的研究生中也大都是女性，这绝非因为我也是女性，因此申请我们博士项目的女性应试者们想要一个和她们拥有相同生殖器的导师。心理学和神经科学这两个领域长久以来都是男性占主导的学科，然而我们校园里这两个心理学领域的男导师所带的研究生，现在竟然全部都是女性。是的，每一个人都是女性。这可不是设计好的，事实是……根本没有什么男性来申请应试，而前来申请的男性又真的远远不如同样申请应试的女性。

我在最近学校的教职员招聘中也发现了同样的情况。在过去5年的时间里，我们系里聘请了两位终身制的研究教授。在这两个职位的招聘中，大多数应聘者都是女性，而女性也的确是所有应聘者中最出色的。即便是在所有心理学科男性占比最高的精神科学领域，我们最近聘请到的也同样是女性。在上述这两个应聘中，我们最终所聘请的都是女性，因为她们真的是所有应聘者中最优秀也最闪亮的人。

激励和启发男孩们努力向上，发展成为受人敬重、经济独立的成熟男人最好的方式，就是要让他们坚定不移地相信，不这么做的后果就是他们这辈子注定就只能做一只可怜兮兮的单身狗了。然而如果在还没有达成或是承诺任何事情之前就能获得女性的芳心时，他们当然就会选择这条不必费吹灰之力就可以走下去的康庄大道。[1]因为性爱不再伴随着可能怀孕的风险，因此诸如像抱负、勤劳以及忠诚这类曾经作为为人父的潜质中最重要的品性，如今都不再成为女性选择性伴侣时的首要考虑因素了。[2]正如罗伊·鲍迈斯特与凯斯琳·沃斯在一篇关于性经济学的文章中写的那样："我们没有找到任何证据来反驳这一基本原则，即男人会尽一切所需

1 这一观点是罗伊·鲍迈斯特与凯斯琳·沃斯所撰写的一系列关于性经济学的杰出论文以及另外一本来自马克·瑞格纳罗斯同样杰出的著作《廉价的性》中的主题。

2 尽管避孕药算得上是一个进化领域中的新品项，但它其实是我们人类神经系统的一种产物，并没有超出我们理想思考的能力范畴。我们的心理机制经过选择的塑造，已然进化到能本能地根据性行为的代价以及可带来的收益去衡量我们所做出的决策。有避孕药撑腰，性行为所带来的"怀孕风险"的成本大大降低，因此导致女性与异性发展短期性关系的意愿也大大地提高了。

以获得‘性’，也可能不会更多。”或许，真的不用太多。

这可不是意味着男人瞠乎其后就要怪罪到女人的头上。女性并没有（我重申，*没有*）义务要为激励男性的成就而负责，这*绝对不是*我们的工作。我们自己已经有足够多的事情要处理了（尤其是还要忙着在取得各项成就上赶超男性）。归根结底，每一个男人都要为他们自己的个人选择负责任（当然也包括你选择住在妈妈家的地下室里终日与电脑游戏为伴）。我在这里想表达的仅仅是，在一个相互依存的系统中所发生的一切——即便是女性的性权赋予——都可能对该系统中每一件其他的事情造成级联效应。有时候，这种效应所导致的后果是我们所乐见的（比如职场上女性数量的增加意味着生活在贫困中的女性数量的减少），但有时候——就像它会导致男人退化回男孩的状态一样——却是我们所不乐见的。

择偶市场的分化以及不断变化的婚姻模式

在大部分的近代历史中，人们约会的主要目的是确定对方是否适合作为自己婚姻道路上的携手之人。尽管世界上的很多文化或多或少地都还存在着一定形式上的婚姻包办，但对那些拥抱“男孩遇到了女孩；男孩和女孩坠入了爱河；男孩和女孩携手步入了婚姻的殿堂，并在城市的郊区买了一栋气派的大别墅”那种婚姻脚本的文化来说，约会在以往都是一项为确认双方是否适合结婚而服务的活动。因为在人类历史的大多数时间里，我们都没能找到超级有效的避孕方式，所以人们在走向婚姻殿堂之前，通常都不会花费太多时间在约会市场上闲逛。等确定遇到了那个真命天子（女）之后，他们才开始约会，然后——当他们开始约会——通常也就会和那个人结婚生子了。这就是为什么回溯到1960年，在单身女性还没有避孕药可用的情况下，女性的平均初婚年龄只有20岁，而所有18岁及以上的成年女性中有72%的人都已经定下了自己的终身大事。

时光快闪回当下（此刻是2018年，我正坐在电脑前面写这些东西给你），现在的约会更像是一项业余爱好或者是休闲娱乐活动，而不再是为了找寻结婚对象的一种手段。尽管人们依然会通过约会来确认他们想或是不想共度一生的那个人是谁（也会借此来学习什么样的品性适合或是不适合一段长期的伴侣关系），但这也成了一件我们为乐趣而做的事情。因为……为什么不呢？避孕药让我们无论男女都可以尽情地约会，尝试和各式各样的人在一起，再也不必为意外的怀孕而担惊受怕。而事实证明，这的确是一件非常有趣的事（尤其当你还很年轻，从里到外都散发着迷人魅力的时候），大家都不再像过去那样仓促成婚了。就美国而言，目前人们的初婚年龄大约在27岁，而18岁及以上就选择结婚的人大约仅占了一半而已。

这就带来了很多好处。女性的劳动力人口大增，在很大程度上得益于女性有权利选择晚婚从而去接受更多的教育。而且我觉得，一个人在30岁时会做出比20岁时更加明智的伴侣选择。毕竟在20岁出头的年纪，大多数人还并不真正地了解自己，因此推迟结婚可能会提高部分人选择与自己相匹配的伴侣的品质。

然而，这种把约会完全当作是娱乐的状况，在某种程度上也使得男女之间的关系变得更加困难。特别是，它将择偶市场分化成了两种南辕北辙的市场机制：性约会市场——人们随便交到一个对象就可以发生性关系，以及婚姻市场——人们寻求的是一个长期稳定交往的忠诚伴侣。择偶市场上的这种分裂对想寻找伴侣关系的女性而言，徒增了许多困扰。

尽管女性通常在完成教育目标后，就会想要从约会市场转换到婚姻市场，然而大多数男性却并不急于此。这是因为男性的心理相较于女性而言明显更倾向于追寻更多更新奇的性刺激。他们完全不必担心自己的生育能力会逐年衰退，这使得他们与女性相比对什么时候要结婚一点儿都不在意。因此，对每一个准备进入婚姻市场的女性而言，可供选择的男性数量总是少得可怜。而当你再把这一点与男性现在所拥有的成就几乎处于历史最低点的事实相结合起来的时候就会发现，如果女性想进入婚姻的市场，她们可能不得不委曲求全接受一些没那么理想的交易条件。

尽管女性曾经期望遇到一个与自己门当户对的伴侣——至少可以有着差不多的教育水平、赚钱能力、吸引力以及社会经验——但这对许多当代女性而言，却成了一个越来越遥不可及的梦想。越来越多的女性发现，如果她们想结婚，就不得不接受自己在教育程度、薪水以及对这段关系的付出都要高于对方的现实状况。

而毫不意外的是，大多数女性对这样的状况都不太能接受。拥有更高的教育水平、找到更好的工作，还能以安全有效的方式掌控自己生育的权利，这些都意味着现在的女性不必再为了金钱或者是意外的怀孕而不得不陷入一段关系之中（一个我们需要的男人）。所以，如果我们发现一段关系并不适合自己（那个男人并不是我们想要的），那我们就可以主动选择退出，无须顾虑太多。正如丽贝卡·特莱斯特在她（充满智慧）的著作《单身女性的时代》中所阐述的那样，决定选择保持单身——而不是与一个和自己志不同道不合的人经历一场失败的婚姻——如今成为越来越多女性的选择。在美国的历史上，单身女性的人数首次超过了已婚女性，而34岁以下无婚史的成年人数更是高达46%，在仅仅不到10年的时间里上升了整整12个百分点。因此，避孕药的出现使得女性更难找到与自己相匹配的长期伴侣，同时让她们更容易直接放弃结婚的念头。

不孕的两种方式

女性的生育能力是一种残酷又无情的力量。它通常在我们20岁出头的年纪达到巅峰（那时我们中的大多数都还搞不清楚自己在做什么，也觉得自己怎么可能为这个世界注入什么新的生命），然后在我们35岁左右终于能在这个社会上立足的时候却又骤然下降。[1]这对一个初婚年龄不断推延的社

1 在这世界上，没有什么比女性的生育更受到年龄和性别歧视的了。我们中的大多数人都还没等到能真正在这个社会上立足，悲催的生育能力就已然开始下降了。我在29岁的时候生下了我的第一个孩子（以生物钟来看，这已经接近老女人的范畴了），而这个时间点对我而言其实很糟糕：那时我还在攻读我的研究生学位，整天被写论文、找工作、同时在两个城市之间奔波（奥斯汀是我的学校和工作所在的城市，而达拉斯则是我的丈夫工作和生活的所在地）这些事情搞得焦头烂额。但是如果我选择等到自己一切都稳定之后才考虑生孩子的话，我可能就已经无法再生孩子了，而这（对我来说）绝对会是一件非常悲哀的事。

会而言可能是个让人头疼的问题。尽管选择未婚生子的女性数量在逐年攀升，然而在美国大多数女性还是会等到结婚以后再生孩子，这就意味着女性初为人母的年龄也相应地推延了。事实也的确如此。有史以来第一次，在30岁以后生宝宝的女性人数超过了30岁以前生宝宝的女性人数。而这是很不寻常的现象，值得我们停下来思考一下。

尽管将母亲的角色推迟到完成学业和事业目标之后再来考虑有助于女性在职场上取得巨大的成功，但这对女性的生育能力而言却不尽如人意。晚育的女性可能会面临想要孩子的时候却怀不上的风险。避孕药改变了当代女性结婚生子的年龄结构，毫无疑问，它也是导致人们在求子路上越来越仰赖生殖技术的关键原因，而这方面的需求明显有着大幅的增长。不孕症的相关治疗业务在过去的25年间整整增长了4倍之多，发展成了一个市值达到35亿美元的庞大产业。随着女性继续推迟生育年龄以适应其教育、事业以及找寻门当户对的伴侣的困难度，这个产业很有可能还会继续增长。避孕药是这样，试管婴儿也是如此。

然而问题可能远不止于此。避孕药所导致的不孕症相关服务的增加，其背后可能还有其他更引人深思的原因。正如你可能还记得我们在第5章所讲的，避孕药可能会造成女性寻找基因相容的伴侣的能力大打折扣。尤其是，有研究发现，这些女性对基因相容性的气味暗示的敏感度要远远低于经历自然周期的女性。[1]

研究表明，经历自然排卵周期的女性似乎比服用避孕药的女性更能敏锐地察觉到一些气味上的微妙线索，比如，与自己的免疫基因相兼容的男性体味。尽管对这些影响的可靠性还存在着相当的争议，但这项研究大致上发现，经历自然周期的女性往往更喜欢那些免疫基因与自己不同的男性体味。这是一件好事，因为选择一个与自己免疫基因相异的伴侣能增强后代免疫系统识别体内病原体的能力，进而有利于他们健康水平的提高。

然而服用避孕药的女性却似乎察觉不到这些气味的暗示。就算是察觉到，她们反而会去选择拥有非互补免疫基因的男性。如果情况当真如此的话，那么服用避孕药的女性想要怀孕可能就是一件难上加难的事情了。

虽然到目前为止这些都只是猜测（所以我劝你先不用恐

---

1 关于这一点，还有更多纯属轶事的内容，但我听好几位女性说过，停用避孕药大大增强了她们对男性天然体味的敏感度。有时候这对她们而言是好的（她们会发现自己的伴侣越来越有吸引力了，因为他们闻起来突然变得很诱人），而有时候，却是以分手或是离婚收场。

慌），但研究还是表明，拥有相似免疫基因的夫妻在怀孕以及维持妊娠上都更加不易。例如，在对有不明原因流产史夫妻的研究中我们观察到，在父母之间的免疫基因遗传相似度方面，与没有不明原因流产史的夫妻相比，他们拥有更高水平的基因相似度。这表明，没有选择具有互补免疫基因伴侣的女性可能比那些敏感于这些线索并选择基因兼容伴侣的女性更难受孕并维持妊娠。这种模式也可以在非人类的灵长类动物身上观察得到。因此，避孕药除了会对婚姻维持的长短以及稳定性造成影响之外，还可能意味着现代夫妻将面临更多的生育问题。这可能与女性的晚育有关，也可能与她们选择基因兼容伴侣的能力下降有关。

而这些改变不过只是冰山一角而已。避孕药可能正在以难以计数的方式影响着我们的世界，只是我们还没有开始理解而已。举例来说，当晚婚和不婚的男女人数都不断攀升，这可能会导致住房需求的增加（两个单身的人士通常需要占用两套房子；而一对夫妻通常只需要一套就够了），以及房屋内所有设备需求的增加（比如冰箱、烤箱，诸如此类的）。这可能会对可提供的工作机会（现在冰箱的生产厂商以及房屋的建筑商是不是比以前有所增加呢？）以及所重视的服务类型产生影响。此外，晚婚以及不婚人数的增加可能还会导致一些酷炫的博物馆展览以及餐饮外送服务需求的大增，但对离婚律师的需求则会相对减少。

这些改变或许听起来微不足道又显而易见，但实际上相当引人注目，真的。当你想到一个药物可能带来的副作用竟然是它导致“在你附近的城市里开设了一场酷炫的博物馆展览”，这就真的突显了本书中的一大重点（也是全宇宙的共识）：没有什么是微小的变化，尤其是有关女性荷尔蒙的变化。

你身体中的每一部分都在以你可能做梦也想不到的方式相互联结着，这世界上的人也是如此。所以这尽管听起来荒诞至极，但是避孕药的确可能就是引发了一系列事件的那个因素，那个最终将人类送上火星、实现世界和平并且让全世界除了最有钱的人以外谁都再也买不起西葫芦。而且你知道吗？这些效应还可能更大、更广，也更加惊人。其中有些影响是积极的，而有些则是消极的。好消息是——避孕药的产生让创纪录数量的女性得以进入科学领域——我们现在比以往任何时刻都更有能力去探究它实际的影响范围。尽管我们在理解避孕药是如何改变世界的方面还只是处于起步阶段，但有一件事是相当明确的：世界再也不是以前的那个世界了。

这样的改变，有好，也有坏。

第10章　我们受了怎样的蒙蔽？

在美国以及世界上很多其他国家，关于性别的故事向来都充满了差距。有薪资差距、数学及科学上的差距、政治及经济参与度的差距，还有花在洗衣煮饭这些家务时间上的差距。作为一个女人，无论你身在何处，大多数状况之下都意味着你站在了社会与经济差距弱势的那一边。[1]

1　当然，也并非全部状况都是如此。比如成就上的差距，一些其他的差距也会使得女性处于优势的地位。例如，寿命差距（女性通常都比男性更长寿），以及不像疯子一样地开车所以不用支付那么高昂的汽车保险理赔的差距（女性所支付的保费要少于男性），这两种差距都让女性可以从中受益。

纵观历史上所有女性所面临的差距，其中最严重也最致命的就是对女性健康知识的严重匮乏。直到最近（大概就是到20世纪90年代初期这么近），我们所了解到的关于我们自己的身体和大脑的大部分信息几乎都来自对男性所进行的研究。

比如，对为了维护心脏的健康我们每天都应该服用一小颗阿司匹林的建议。这是我们（或者说至少是我们父母那一辈的人）中大多数人都会从医生那里听到的建议。他们的依据来源是一份有关阿司匹林疗法可以降低冠心病的风险的研究报告——确有其事。只是……这并不适用于女性。

事实是，这项来自美国心脏协会的建议是基于一个80%是男性的样本所进行的研究。后来的研究对阿司匹林疗法在男女受众上的效果进行了分别的检视，结果发现，阿司匹林并不能降低女性罹患冠心病的风险。实际上，对女性而言，阿司匹林甚至可能会带来更多的危害，因为它会使得女性的身体在受伤时更难止血。

而冠心病不过是众多疾病中的一种罢了。很多你以为你所了解到的关于人格和健康方面的认知，其实可能都只是针对男性的。

尽管美国国会在1994年通过了一项法案，要求美国国立卫生研究院在其所资助的研究中要包含针对女性的临床试验，但是与男性相比，女性在很多领域仍然是被严重忽视的一个群体。举例而言，尽管每一年的数据统计中，女性被诊断出HIV阳性的数量都占到大约一半的比例，然而在HIV抗逆转录病毒药物的临床试验中，女性受试者仅占到所有参与者的19%，而在治愈性研究中的比重更是仅有11%。最近一份有关处方签用药现状的研究报告指出，由于女性的健康因素，10种药物中就有8种（80%的比例）在上市没多久就被立即从美国市场上撤下来，这说明药厂根本没有对这些药物在女性身上会产生怎样的作用进行全面深入的测试。

尽管面对身体不适，女性更可能主动积极地去寻求医疗的帮助，也更愿意听从医嘱，然而长久以来，女性的健康问题一直都是被科学界几乎完全忽略的议题。而这样的结果就导致女性往往都对自己的健康以及身体运作方式毫无了解，甚至医生所了解到的也不见得比他们的女性患者多多少。

这方面信息的缺失，为避孕药的问世提供了完美的背景——它既能让你避孕，又可以为你带来光滑的肌肤，连排卵周期紊乱这种烦恼都可以帮你顺带解决——一粒小小的药丸，（通过改变她的性荷尔蒙）就可以将一个女人彻底改变，这么聪明的发明，很少会有人对它产生怀疑。很少有人认真想过这种改变会对女性体内除了卵巢以外其他部位的运作产生广泛的影响，其中自然也包括大脑。男女之间的竞争、政治因素以及有动机的无知，各种因素交织在一起，形成了一场完美的风暴，蒙蔽着我们的双眼。所以我们和我们的医生都对避孕药欣然接受，几乎不曾质疑；所以我们才对它究竟把我们变成了什么样的人，几乎一无所知。

关于女性还有这个几乎我们所有人都会在生命中的某个阶段所仰赖的药物的信息真的少之又少。究竟是什么导致了这方面信息的匮乏呢？接下来，就让我们一起来探讨一下。

其他一切都不平等

尽管在历史上，曾经有一段时间在某些国家和地区，人们普遍认为女性根本不值得研究和探讨，但是现如今的状况要比25年前好得多了。[1]学术界内左派的声音开始越来越大，而我在职场上所遇到的绝大多数科学家——无论男女——都

---

1 但是不得不承认，性别歧视在科学界依然存在，而且还相当鲜活。只是这种现象现在在逐渐变少，也变得比以前更加微妙。我曾经有过几次和一些资深的男性科学家交流的经历，他们总是觉得有必要拍拍我的头，忍不住想向我解释那个我亲自主导的研究是如何进行的，但其实明明我在这个领域的造诣比他们深多了。

全力支持女性及女权在各个领域中的平等，也都是大力倡导女性参与科学研究的实践者。尽管其他人对性别平等的看法可能与我多多少少都会有所不同，不过在其他条件都相同的情况下，我想大多数研究人员对有关女性以及对女性来讲意义重大的议题，都会拿出与男性同等重要的态度来进行研究。这在现如今女性科学家数量不断攀升的情况下尤其如此。

然而并非一切都是平等的。

虽然我并不认为这是故意针对女性而为的，但科学界的运作方式的确对有关女性的研究造成了系统性的阻碍。对女性的研究比男性要复杂得多，而由于科学界的竞争极其激烈，通常都需要成果可以快速发表，因此当这个体系之中没有足够的核查以及制衡机制来保障女性作为研究对象的时候，自然就很少有人愿意去研究她们。关于女性以及对其意义重大的研究俨然已经成为许多研究人员负担不起——或者说不了考虑的奢侈品。

要了解其中的原委，你首先需要了解作为一个研究科学家要获得并且保住一份工作究竟有多不容易。想找到这样一份工作——尤其是这种让你在大学里面工作（这是我们大多数人都会想要的）的类型——实在是非常困难。只有大约一半的科学博士最终有机会获得在大学里任职的工作，而这些工作中仅有不到四分之一是大多数博士生在长达十余年的高等教育期间接受培训的研究职位。对想要得到这些工作机会的人来说，这绝对是僧多粥少的局面。因此，能在一所研究型的大学校园里找到一份工作，就需要他们能源源不绝地快速产出各种研究论文，然后发表在各大期刊上，因为这就是学术界求职市场上的金钥匙。

如果你恰好是其中少数的幸运儿之一，成功取得了学术研究方面的工作，然而一旦被聘用，你发表论文的压力只会更加沉重。在许多研究型的大学中，如果你想获得终身教授的职称（通常要等工作到第六年的时候才能申请），那么你平均每年需要发表2～7篇论文。[1]而如果你没有得到终身职称，你就会丢掉这份饭碗。[2]尽管在拿到终身职称之后，需

1 这个范围是基于我与世界各地不同类型的研究机构的同事们聊天对话所得出来的，主要涉及心理学、生物学以及人类学。

2 学术界不存在中间地带。如果你没有获得终身教授的职称（它可以确保你不会因为研究学校并不喜欢且具有争议性的议题而被解雇），你就会被解雇。而你只有通过发表足够多的研究成果去证明你是一个值得被保护的研究人员，才能获得终身教授的职称。这就是为什么在学术界我们流传着一句箴言："发表或是灭亡。"如果你没能在获得终身教授职称之前发表到足够的论文，你就会被解雇；而如果你在获得终身教授职称之后没有发表到足够的论文，你在这个领域的声誉就会下降，这会使发表和获得资金变得难上加难，从而进一步损害你的声誉。从此，你就成了学术界中的"枯木"。而没有人会想当"枯木"。

要发表大量论文的压力会有所减轻，但其实也并没有减轻多少，因为在任何时候缺乏稳定的研究出版物都会使你的实验室失去资金。这样的机制对任何研究人员而言都是很残忍的现实，尤其是对那些薪水全部或是部分由研究拨款资助的人（这种情况在健康研究领域十分常见）尤为如此。对这些研究人员来说，没有拨款就意味着没有工作（而且还不得不辞退所有在这个实验室里工作的其他研究人员）。需要快速且密集地发表大量论文的压力犹如泰山压顶，因为做不到的话，你就会陷入失业的境地之中。

科学家必须发表的每一篇研究论文背后，都有数百小时（有时甚至是数千小时）的实际研究，其中包括花费时间来制定研究议题、对参与者进行研究、拜读他人已发表的相关研究成果、分析数据，以及——如果一切都如你所愿的话——撰写研究结果以供发表。由于研究的失败率极高，因此其实每一个有趣的发现背后，都有着研究人员许多次失败的实验经历，而这些实验也同样付出了巨大的时间、金钱以及精力，结果最后只是竹篮打水一场空。这些失败的结果显然无法发表，这也就意味着如果一个科学家想保住饭碗，他就必须得进行大量的研究调查，并且在实验室夜以继日地工作了数也数不清的小时之后，能获得足以写成一篇以供发表的“作品”出来才行。

因此，研究科学家必须绞尽脑汁制定出琳琅满目的研究议题，然后以多快好省的方式将它们执行出来。这也就意味着你要尽一切的可能确保你的实验结果以最简单明了、尽可能不要存在任何细微差别的方式呈现出来，因为这两点经常被顶尖期刊用来当作拒绝你论文发表的挡箭牌。研究结果中所呈现出的细微差别——例如某些东西作用在女性身上会有这样的效应，但作用在男性身上则会产生那样的效应；又或者某些东西在异性恋者身上显现出这样的特征，在同性恋者身上则显现出那样的特征——通常都会被视为论文中的软肋。那些掌握着科学生杀大权的审核人士会觉得这表示你的理论或是结果的应用范围太过于局限。在发表以及融资方面的最大奖，通常都会颁给那些饼画得很大、易于理解又能让人豁然开朗的、（原本应该）能囊括所有人在各种情境之下所发生的所有状况的文章。

猜猜看，在这场不支持细微差别又要相对易于执行的游戏中，谁是输家?

当然是女性。

首先，无论是身体还是大脑，女性和男性都有着很大的差别，这也就意味着在研究调查中他们的行为表现几乎不可能得出一致的结论。而在科学界长久以来就有着一个不成文的规则：相较于一个“在两种性别中都进行了测试却只适用于其中一种性别”的理论，那种“只在一种性别中进行了测试却声称适用于所有人”的理论更容易得到宽恕。因为在后者的情况之下，审稿人（他们拥有这篇论文是否值得发表的绝对话语权）会对这一发现描述了所有人群而感到乐观，仿佛世界充满了希望。只要研究人员有对他们只在或是主要针对某一种性别的人群进行测试的事实表达出适当的歉意，他们的研究成果依然有很大的机会可以在其领域的顶尖期刊上发表。而前者——尽管他们的观点在两种性别中都分别进行了测试，但却发现能支持这一观点的结论却只存在于其中一种性别之中——审稿人得到的证据表明该效应仅限于一种性别，使得这些观点既不够吸引人，又缺乏大局观。

基于这样的现实，很多科学家长久以来做出的决定，都是只针对某一种性别进行观察研究。这样做可以最大程度地降低实验失败的风险，研究实验也更容易执行，因为这意味着需要邀请的参与者更少（只研究一种性别可以减少50%的参与者）。

而当研究人员在选择要研究哪一种性别（男性vs女性）时，男性几乎是他们亘古不变的选择。因为选择女性作为研究对象通常就意味着比男性多很多的时间以及金钱上的投入。

由于女性的荷尔蒙会发生周期性的变化，因此在生物医学的研究中使用女性作为研究对象时就必须将这些周期中的阶段性变化纳入考量。尽管这听起来好像也不算什么，但其实在收集大量的参与者数据时，要实现这种控制的后勤问题是相当棘手的一项工作，为了得出一个研究的答案通常都要花上三倍的时间和金钱。

为了让你对这种日复一日的实验室操作有一些基本的概念，我来跟你说一说我们最近所做的一项实验研究，它所探讨的是有关免疫功能与男女决策行为之间的关系。尽管免疫系统听上去应该是一个“性别中立”的身体系统（就像脾脏还有肺这类器官一样），但是它的活动实际上会根据性别以及周期阶段而有所变化。为了维持妊娠，女性的身体需要找到一种免疫体系上的漏洞，以防止自身的免疫系统去攻击着床的胚胎，因为胚胎与免疫系统所要摧毁的那些东西有着诸多相似之处：它具有与母体不同的基因（这是病原体的标志性特征之一），其细胞可以迅速分裂（这是癌细胞的标志性特征之一），并从母体中汲取各种资源（这是寄生虫的标志性特征之一）。这些类型的信号——尤其是当所有类型的信号都同时发生时——通常都会使得免疫系统启动它的“搜寻—摧毁”模式。因此，为了防止这种状况的发生，女性的性荷尔蒙实际上会随着周期的不同阶段以及怀孕的状态而动态调整她的免疫功能。

现在，对我们和我们的研究而言，所有这些就意味着我们需要非常明确地了解参与研究的女性受试者们的周期阶段。首先，我们需要确保研究中的所有女性都处在相同的周期阶段，以便我们能准确地在她们之间进行对比。其次，我们还需要确保所选择的周期阶段能最大程度地降低性荷尔蒙对她们免疫系统功能的独特影响，以便我们能将她们的结果与男性的结果进行对比。以这两个标准作为指导前提，我们最终只能选择处于自然排卵周期中的早期滤泡期的女性作为这场研究的受试者。

我们面临的第一个方法上的挑战，是我们需要招募没有服用避孕药的女性来参与研究。鉴于绝大多数年龄介于18~25岁活动在大学校园周围的女性（我们大多数参与者都来自此）都在服用避孕药，这项研究从一开始就遇到了不小的挫折。接下来，我们还需要安排这些女性受试者的时间，邀请她们在月经开始后的4~7天来到实验室进行测试。这就意味着，对每一个女性而言，每个月只有4天的时间是符合研究条件的，而就算只是这几天也不是那么容易预测的。女性的排卵周期有时可能很难预测，而且并不是每一个女性都能很好地掌握每一天的情况。为了确保她们可以在我们需要的那个周期阶段来参与实验，我们发现最佳的安排方式就是请她们在月经开始后就尽快跟我们联络，然后我们会安排她们在4～7天后来到实验室。而如果对方的日程不允许，这4天内都没有办法前来参与实验（这种情形很常发生，实在是很令人沮丧——大家的生活都很繁忙，通常提前一周之前就被安排得满满的了），那么我们就不得不等到下个月再试一次。

一旦我们能找到一个适合受试者前来参与的日期，我们接着就必须要马不停蹄地立刻组建一个研究小组来收集她的数据资料。这远比你听起来的要复杂得多，因为我们每一次的测试环节都需要8名研究人员的协同合作，其中很多人都不得不在各种课程还有其他的实验之间来回穿梭奔波。如果我们历尽千辛万苦终于让这项实验可以开始执行——假如星星都排成一排，光芒从天堂洒落大地，天使的歌声融化我们的心——我们就可以收集到她们的数据，然后大功告成。再然后，我们还需要再将这一整套流程重复执行79遍，直到所有的样本数据都收集完成。

再来看看同样的实验在男性受试者上我们是怎么操作的吧。

首先，我们需要打电话给这些人，并根据我们计划要组建研究小组的日子（提前安排时间的好处）通知他们安排一次会谈。然后，我们组建好的研究小组人员对他们进行实验。

就是这样，结束。

如果我们在研究中只安排男性，那么我们可以在两到三个月之内就收集完全部的数据资料，总花费大约在12,000美元左右。而包含了女性群体并要考虑她们在周期中的变量控制的研究数据收集则花费了我们整整9个月的时间以及将近30,000美元的费用。而如果我们还想再进一步去探究女性的免疫或是行为关系如何随周期不同而变化——那就需要观察多个周期阶段，而不仅仅是一个这么简单——或者想看看这些经历自然排卵周期的女性与服用避孕药的女性之间有存在怎样的差异，那么这些成本还有后勤上的噩梦可能就要再加两倍、三倍甚至四倍。[1]所以说用女性作为研究对象——并且还要把女性的性荷尔蒙几乎牵动着她们身体运作的方方面面这一变量纳入研究的考量——真的是充满了各式各样的挑战。也正因如此，许多研究人员干脆就直接选择避开那些需要女性作为研究对象或者需要缜密控制其排卵周期的项目议题。

---

1 你可以选择将周期分为两大阶段（一半是雌激素占主导的阶段，另一半是孕激素占主导的阶段）或是四个细分阶段（月经期、早期滤泡期、排卵期和黄体期）。

这就是为什么，直到离我们如此接近的1986年，我们仍然会看到比如标题写着《人类的正常老化》但其实研究对象仅限于男性的论文发表在各大期刊上。尽管自从美国国会要求美国国家卫生院所资助的临床试验必须包括（一些）女性参与研究以来，情况已经有所好转，可是这个问题还远远没有得到彻底的解决。女性还是无法得以在实验的所有阶段都参与其中，包括有关非人类动物以及细胞的临床前研究。[1]

以小鼠和大鼠为例，它们可谓是动物实验研究领域的主力军。就像人类女性一样，雌性小鼠和大鼠的性荷尔蒙同样具有周期性的变化。这就意味着，如果研究人员要在实验中使用雌性啮齿动物作为研究对象，他们就需要以某种方式对其周期阶段进行控制。而由于大多数老鼠还没能掌握自我报告的艺术觉悟，研究人员就不得不采用阴道抹片的方式来推

1 没错，就是这样。在进行动物实验研究之前，研究人员通常会先进行细胞研究。举例来说，假如你开发出了一种新型的用于治疗癌症的药物，你首先会直接在癌细胞上进行药物测试，以确定它是否可以杀死这些癌细胞。然后你还要在正常的细胞上对它进行测试，以确保它不会在杀死癌细胞的同时也杀死正常的组织细胞。就连这些研究，也几乎都是从男性所取得的细胞上进行的。在那些研究人员会特别提到他们在研究试验中所采用的细胞性别的案例中（其实他们也很少会提到——这又是另外的一个问题了），男性细胞系的采用频率是女性细胞系的四倍之多。

断这些雌性鼠类所处的周期阶段。这种方式是有缺陷的，它会给雌性动物带来压力，还需要研究人员花上额外的时间和金钱投入。他们需要在实验中使用比雄性多两倍以上的雌性个体，才能确保研究中有和雄性动物一样多的同期雌性动物样本。而即便是终于跨越了这重重阻碍，一些期刊的审稿人以及编辑依然会认为这项研究“从机械论上来讲无法定论”，因为他们觉得雌性的荷尔蒙状态可能会以某种方式对实验结果造成不确定的影响，使得研究结果的可解释性不如只拿雄性老鼠来做实验的结果。

在很长一段时间里，解决这个困境的方法，就是完全不纳入雌性动物进行研究。这么做可以加快数据收集的速度，也更有利于论文的顺利发表。我的一位同事曾经使用小鼠作为研究阿尔茨海默病（这种疾病在女性中的发病率明显高于男性）的对象，而这是有史以来第一次，终于有一位审稿人质疑为何没有把雌鼠纳入研究范围。而这已经是2018年的事了。尽管他已经在这个领域拥有将近30年的丰富经验，也一直都只用雄鼠作为研究对象。[1]根据他对该领域现状的看法，

1 尽管这样的情况如今正在发生改变，因为审稿人也开始意识觉醒，要求提供关于雌性动物的实验数据。当游戏规则开始发生改变，研究实践自然也就会跟着改变。

在所有他读过的关于引发阿尔兹海默病的机制的研究报告中，至少有90%以上关于阿尔兹海默病机制的研究都是只有针对雄鼠进行的。之所以会这样，原因主要有二：（1）雌性小鼠的实验结果过于复杂和微妙（因为雄性和雌性对相同的测验几乎从来都不会得出相同的结论）；（2）从雌性小鼠身上所得出的结论从机械论上来讲太过混乱（因为它们体内性荷尔蒙的变化可能对结果产生影响）。这两大问题使得包含雌性在内的研究更难以发表，因此研究人员也就压根儿不愿意研究雌性动物。

而事情不应该是这样的。所有（就是全部）的医学研究都必须首先在动物模型身上进行测试。这些模型对研究人员研究新的癌症治疗方法、阿尔兹海默病的病程发展、自身免疫问题、精神疾病、创伤后应激障碍以及几乎所有其他可能在人体中（自然也包含大脑内）所发生的对的或是错的事情都有着无法割舍的重大作用，这些模式是生物医学研究的基石。而由于雌性的研究更为困难（再加上它们排卵周期的变化导致实验结果也更难以解释），因此绝大多数实验都只针对雄性动物而进行。只有雄性。毋庸置疑，如果连雌性都被例行排除在动物的实验研究之外，那么关于女性健康方面的重大医学突破长久以来一定也都被人们所忽视掉了。通常，雌性啮齿类动物都要等到第二轮实验（在研究人员在雄性动物身上发现了可喜的成果之后）才有可能被纳入研究对象，或者也可能根本就没它们的份。如果某些东西在雄性身上行不通，那么实验结论就是它在谁身上都行不通，根本不需要再在雌性身上做什么验证。

将女性纳入研究——以一种能将她们的周期性变化的荷尔蒙纳入考量的方式——不该只是交由研究人员的意愿来决定。当科学是以这种方式进行的时候，女性和女性的议题就会失去关注。科学家面临着论文产出的巨大压力，需要不停地发表、发表再发表，以至于许多人（我自己也和大家一样一直深感惭愧）只能无奈选择用最简单、快速且最节省资金的方式去完成一篇又一篇更容易被接受的文章，而放弃去做正确的事情。如果那些顶尖的研究期刊愿意发表不包含女性参与者的研究报告，你还会愿意费尽心思去做吗？毕竟，最终的结果也可能只是竹篮打水一场空而已。还是你会选择轻轻松松地收集好男性的数据资料，然后简单地在后面加上一句注解，告诉读者这一结果仍需“在女性身上做进一步的探究”就可以大功告成呢？我提出这些问题，不是要为科学（或者我自己的研究实践）辩解，而是想解释清楚我们究竟是如何走到今天这一步的。科学研究长久以来对女性议题的忽视似乎已经不足为奇，因为这整个论文发表体制的建立——期刊出版商、审稿人以及资助机构——都在鼓励我们如此为之。

尽管事情正在朝着好的方向发展（在美国，联邦机构将不再资助那些没有将女性纳入研究对象的人体临床试验项目，美国国家卫生院也制定了新的政策，将增加雌性动物以及雌性的源性细胞在临床前试验的研究），但我们依然还有很长的路要走。只针对雄性的动物研究试验依然可以得到许多机构的资助，依然更容易发表，也依然是许多学科领域的研究常态。许多生物医学研究期刊依然不会要求研究人员在他们的研究中必须包含女性，甚至都不需要注明研究参与者的性别。将女性包含在内的更缜密、更费心的研究依然需要花上更多的时间和更高的成本，也依然比仅针对男性做出的研究更难以解释。因此，当人们的职场成败取决于他们论文发表的速度——而不是他们抛出的问题所需要的真正答案时，女性，还有她们最关注的那些议题，就只能存在于最黑暗的角落。

很多科研以及出版的政策都是曾经那个不识男女之别的时代产物。曾经人们以为，对男性的研究结果很容易就可以推广到女性身上，因为女性一直被认为只是男性的缩小版，不过只在生殖器官上有所不同罢了。但现在我们既然对此了解得更多了，就需要做得更好。当所有的科学家都必须将女性纳入他们的研究之中（并且以一种需要将女性周期性变化的荷尔蒙纳入考量范围的方式进行）时，那么就会有更多的女性得以被纳入研究。而当有越来越多的女性被纳入研究时，专门针对女性的健康问题——包括避孕药对女性的影响——也终将得到关注。

被政治化的子宫

科学界以及医学界长久以来对女性的忽视带来了诸多负面的影响。其中最关键的，就是与男性相比，女性对自己的身体、健康状态以及药物使用状况都一知半解。这也是我们对避孕药知之甚少的一大原因。而它也以其他的方式对我们造成了更多的伤害。尤其是，它导致女性对科学产生了一种戒备心理——虽然合情合理——但这最终会进一步阻碍我们了解自己。

长期以来，女性都被科学界和医学界视为近似患有严重心理障碍的族群。医生们经常通过切除子宫或是开具一些类似安定这类的抗焦虑药物来治疗她们歇斯底里的症状（这是一种症候群的表现，其症状就跟认为作为女性就必须得承受这些愚蠢至极的性别歧视的症状极其相似）。尽管从这些司空见惯的恶习走到今天，我们的科学以及医学都取得了长足的发展，然而我所认识的每一个女性，还是会被人认为不过是个男性的非理性版——有时候甚至是被我们自己的医生所质疑——仅仅是因为我们的性别。

认为“女性是不理性的，因此不配享有与男性同等的权利”的信念如今依然在我们公众的潜意识中挥之不去，而作为女性我们对此深有感触。很多关于我们的荷尔蒙以及我们是否有权掌控自己生育权的愚蠢言论时不时就会传到我们的耳朵里。这些类型的言论，尤其是当与科学以及医学长久以来对女性的不当对待结合在一起时，对任何人——即便是女性科学家——来讲，都很难再对女性的荷尔蒙以及节育这类的问题进行更深入的交流。当用科学来探讨这些话题的时候，常常都会遭受任何拥有卵巢之人（或是卵巢同情者）的怀疑和反对。举个例子来说吧，我们来聊一聊克里斯蒂娜·杜兰特博士的遭遇。她是一名专门研究女性荷尔蒙的研究员，也是女权运动所带来的大好机遇的受益者；她是理解女性心理（这是研究人员直到最近才开始重视的一件事情）的倡导者，还是排卵研究领域的先驱人物。杜兰特博士是最早在研究中给予女性荷尔蒙应有的对待的心理学家之一，她的研究为我们理解女性的生理机制提供了非常重要的见解——其中也包括本书中所提到的一些结论。

早在2012年，杜兰特博士就进行了一系列关于女性在排卵周期中不断变化的荷尔蒙是如何影响其政治态度的研究调查。为此，她比较了女性在高受孕概率阶段（当雌激素分泌水平最高、受孕成为可能）以及在安全期（受孕的可能性为零）时的政治偏好。研究结果发现，处于高受孕概率阶段的单身女性较低受孕概率阶段的单身女性略微偏向自由主义；而处于高受孕概率阶段的已婚/有伴侣的女性却呈现出恰恰相反的偏好，她们比处于低受孕概率阶段的已婚/有伴侣的女性略微偏向保守主义。对这些结果——无论从理论还是实践的角度来看都相当有趣——美国有线电视新闻网进行了报道，并且采访了杜兰特博士，就荷尔蒙如何影响行为的各种方式进行了探讨。

尽管这些实际研究所得出的结果放在上下文的语境中几乎没有什么好争议的，然而读到这样一篇关于研究表明荷尔蒙在塑造政治态度方面发挥作用的新闻报道，还是在广大女性群体之中引起了很大的轰动。在报道发布后的几分钟内，互联网上就充斥着各种女性愤怒的留言，要求撤下这篇文章，有些言论甚至还对杜兰特博士进行了人身攻击。读者在CNN的网站上灌爆的留言，使得杜兰特博士成了自芭比娃娃以及互联网色情事件以来关于女权问题最严重的舆论挞伐对象。

或许我们都应该事先预料到这种事情的发生。对不以研究荷尔蒙或者是大脑为生的人（这几乎说的就是这个地球上除了那为数不多的一小撮科学怪人以外的每一个人）而言，女性的荷尔蒙会在塑造政治态度方面发挥作用的这个观点听起来绝对是一件非同小可的事情。这就像是那种很容易激起唇舌之战的话题，鉴于女性如此飘忽不定的政治观点还有她们更加飘忽不定的荷尔蒙反应，究竟还要不要保留女性的选举投票权呢？这样的舆论争议自然会引起广大女性的愤慨。

可是这并非从这项研究中所得出来的结论啊。杜兰特博士的研究报告只不过是展示了一组非常直观且无害的数据而得出“荷尔蒙会以这样或那样的方式对我们的偏好起到一些轻微的推波助澜的作用”而已。既然荷尔蒙可以对一切事物起到推波助澜的作用，那么女性的荷尔蒙会对她们的政治态度产生一定的影响也不过就是个再合理不过的推论罢了，有什么好值得大惊小怪的呢？荷尔蒙的作用原本就是如此，不是吗？然而它们并不具备回避这类政治议题的能力，因为大脑发觉它们的参与实在是太具争议性了。既然荷尔蒙对任何事物都会产生一定的影响，那自然也会包括政治上的态度，这实在是没什么特别的，更不值得大惊小怪。况且不出意外的话，男性的荷尔蒙其实同样也会影响他们的政治态度。[1]但是想把这一切都解释清楚——大概就是我在这本书的开头部分花了整整三个章节才勉强说清楚的内容（而且我仍然觉得有必要再解释一遍，因为这与我们直觉上所认知的身体运作方式实在相去甚远）——放在一篇简短的新闻报道之中实在有些不妥。

诸如此类的关于女性荷尔蒙或是避孕的研究向来都是政治领域的敏感话题，科学家对此了然于心。因此，几乎没有人会愿意触碰这种可能会被误解为是反对女权主张的烫手山芋。这个社会对我们的荷尔蒙、大脑以及身体运作方式一直存在着许多误解，以至于面对这些高度敏感和对立的话题，我们很难开启一场经过深思熟虑之后的冷静对话，更何况是仅凭一份报纸期刊上一篇文章中的一小段。这个症结对科学家而言非同小可，因为毕竟报刊是我们能将实验结果传达给社会大众最主要的方式。

1 我们已经得知他们会被上半身的力量所影响，这与他们睾酮的分泌水平息息相关。

在写这本书的过程中，这个问题一直都像是我心头上的一根刺。我深知自己所写的这些信息可能同样会被误解为是一种带有惧怕或是审判意味的说教。又或者我所说的某些话——如果被断章取义的话——可能被一些有心人士拿来当作某些政治议题的炒作，主张限制避孕药的取得。然而这样的解读与我的初衷与信仰实在是背道而驰，所以我曾经不止一次地思考到底是应该将这些信息公之于众还是该让它们烂在我的肚子里。如果要对我所写的每一个字负责的话，那么就意味着我需要带着批判性的眼光去思考这一项仅靠单枪匹马就一举拿下人类历史上推动女性进步最大奖的医学技术；然而若对这些置之不理，又会让一代又一代的女性盲目地为自己的生活做出命运攸关的决定。

面对不得不在两害相权取其轻中拿定个主意，很多人都会觉得左右为难。即便是对我而言，这同样也不是一个容易做出的决定。我不希望这些信息带给你的是绝望或害怕，更无意让你遭受他人的审判。我当然也不会希望任何人断章取义，试图利用其中的某段文字去作为主张限制女性取得含有荷尔蒙成分的避孕的利器。但是，如果我们想推动女性的健康发展，这些即便有可能会产生两极化分歧的对话就势必得要进行。

我们生活在一个女性的荷尔蒙、性爱、生育很容易被政治化的世界里，而男性对此则无须烦恼。[1]这种政治化的操作使得我们很难对避孕药进行批判性的深入研究，然而对这些事情置若罔闻又会造成对女性的种种伤害。作为女性，我们需要去提倡更多——而不是更少——关于我们的身体、大脑以及荷尔蒙运作方式的对话。虽然科学需要采取更有意义的措施来赢得我们的信任，但我们也必须更愿意倾听那些也许并不是我们所希望听到的事情。当女性与科学携手共进的时候，就可以开创一个充分认知自我的全新时代。倘若这种合作与信任无法建立，那我们就输掉了。

自欺欺人与自我谴责

竞争与政治因素都导致了我们对自身身体以及避孕药的影响的了解严重不足，然而，这并非阻碍我们的全部力量。在批判性地思考避孕药的问题上，从某种意义上来说，我们才是自己最大的敌人。之所以会如此，是因为我们都渴望相信女性的避孕问题都已经得到了妥善的解决。

---

1 这完全是充满了性别歧视的胡说八道。

尽管我们大多数人都觉得这样的认知相当的客观，可事实却并非如此。我们的大脑无时无刻不被各式各样繁杂的指令所塞爆，无法在同一时间回应全部的信息，因此它必须具备可以判断轻重缓急的能力。一旦我们的大脑注意到某件事情，它就可以在解释所观察到的事物时尽情挥洒它的创造力了。有时候这种选择、判断还有解释的方式是相当直接的。比如，当你走进一个房间里都是人的空间时，你可能更容易注意到那些人，而不是天花板上的灯具或者是地板上的木纹。[1] 又或者你预算有限，那么你对餐厅菜单上价格的认知与没有预算上限的人相比，肯定会有很大的不同。

然而也有的时候，我们做出这样的选择和判断，是因为大脑希望如此。比如，当我们希望某些事情是真实的，我们的大脑就会积极地寻求并相信那些可以支持这一观点的信息，无论其来源是否可靠，论点的阐述是否荒谬（自以为是的感实性，有没有人是这样？）。另一方面，那些我们不希

1　除非你刚刚购置了新的灯具或者木地板……或者是你正打算要买这些东西。那些让人印象深刻的事情——就算它是愚蠢的或是随便读取到的——都会抓住我们的吸引力。有一次我刚换了新的轮胎，隔壁车道刚好经过一台安装了固特异Ultra Grips轮胎的车子，我竟然一直目不转睛地盯着对方的轮胎看个不停，结果差点追尾了前面的那辆车。

望是真实的信息就会被我们忽视或者驳回，有时候即使面对铁证如山，也依然选择视而不见（气候变迁的否认者，有没有人举手？）。我们的大脑常常以我们所希望的方式（而非真实存在的样子）去看待这个世界，这样的倾向我们称之为确认偏误。而我们越是有动力去相信某些事情，这种偏误就越是夸张。

这一点需要引起我们很大的重视，因为人们一直都努力要相信的一件事就是，避孕作为女性所面临的一大问题，已经得到了解决。所以说当谈到要批判性地思考避孕药这个话题时，无论是女性，还是和她们有着肌肤之亲的男性，抑或是服务于她们的医生，每一位都会牵涉其中。结果就是，我们都拥有各自的动机避免去深入思考避孕对女性而言是否真的有益。女性渴望获得安全有效、负担得起又易于使用的避孕措施，这是她们的动机所在。而避孕也同样是男性的动机之一，只是除此之外他们还有其他的动机：比如他们渴望做爱就像家常便饭那样容易，又比如他们痛恨避孕套。医生的动机，则源自他们渴望为患者服务并维持业务。我们谁都不希望回到一个女性完全无法掌控自己生育权的时代。所以，这个问题的答案，对我们许多人（也包括我在内）而言，是长久以来在避孕药这个话题上所产生的一个盲点，从来都没有人去质疑这个打着避孕的旗号却改变了我们整个荷尔蒙大环境的智慧发明。

避孕药在改善女性的生活品质方面做出了如此之多的重大贡献，以至于我们中的大多数想都不敢想避孕药可能会对女性身体产生的一些我们不想发生的影响，这种想法的萌生必须要被扼杀在摇篮之中，否则倘若真是如此，那么我们所面临的风险可就太高了。因此，我们的大脑搜遍了教科书中所教过的所有技巧，想尽各种办法来确保我们以一种“坚信避孕药只作用于卵巢，最多还有其他几个零星的没什么所谓的小系统可能会产生一些所谓的副作用而已”的观念来看待这个世界。尽管对一些女性而言，坚持这个信仰简直就是对自己亲身经历的彻底背叛，然而事实就是如此。

我们中有多少人忽视了自己与必要的避孕药非靶向效应之间的抗争，并告诉自己其实我们才是问题的所在？又有多少人告诉自己或被我们的医生告知，我们只是需要再多服用一种药物——比如抗抑郁的药物或是抗焦虑的药物——就可以缓解避孕药所带我们的情绪上的不适感？而又有多少人是因为实在觉得走投无路了不得已才这样做的？

面对一种安全又有效的避孕方式，其利害关系于女性而言不容小觑，因此我们许多人都宁愿将责任归咎在自己的身上，也不愿去质疑我们所仰赖的避孕药。而医疗机构的存在又进一步深化了这种自责的心态——直到现在这些医疗机构对女性以及我们身体的运作都依然处于一无所知的状态——面对女性对其服药后情绪变化所提出的各种担忧，他们要么视而不见，要么轻描淡写，从来都不以为然。没有人来点醒我们应该要批判性地看待避孕药，面对服药后的任何疼痛、不适还有悲伤，我们只是一味地被教导说这都是我们自己的问题，从而不断加深我们的负罪感。[1]而对此，我们似乎也从来都不觉得有何不妥，因为我们也找不到其他更好的解释和选择了。这就导致了这样一种局面产生：我们从来都不曾质疑避孕药，反而怀疑起我们自己的身体来了。由于无法处理由避孕药所带来的情绪问题，于是我们认定是自己的身体出现了问题。

对女性服用避孕药后的情绪问题，我们不该再加以指责，我们需要用批判性的眼光来思考她们为什么会情绪不佳。避孕药改变了女性体内性荷尔蒙的状态，而这是我们之所以是我们的关键因素。所以想当然耳，它自然会改变我们

1 鉴于关于女性身体及女性健康的科学研究少得可怜，这一点儿也不令人感到惊讶。

中一部分人的感受，这绝非什么性格缺陷所导致的，而是因为避孕药会同时在我们的体内产生各种各样的影响。这绝对非同小可。然而直到现在，我们才终于开始正视它的问题。

要认真地正视避孕药存在的问题，意味着我们所有人都需要做出非常重大的调整。我们一直对改变女性的性荷尔蒙这件事太过于草率了。如果你需要这方面的证据，可以想一下我们对待避孕药还有促蛋白合成类固醇态度上的差别，后者在竞技场上大受运动员的青睐，他们不介意通过作弊的方式来获取胜利。类固醇的主要成分就是人工合成的睾酮——男性最主要的性荷尔蒙。这些人工合成物通过刺激睾酮受体并命令细胞启动睾酮程序的方式作用于人体。而这会导致身体经历一系列的变化，比如肌肉质量增加、皮肤长痘痘以及某些雄性的行为特征会变得更加明显（比如打架斗殴，或者砸墙）。

现在，你应该已经非常清楚，这种促蛋白合成类固醇未经处方的情况下是违法的。它们被归类为第三级管制药品，如果被抓到在服用它们，你将会面临高达1000美元的罚款以及长达一年的监禁。由于可以对睾酮受体造成刺激，合成类固醇对男性的身体和大脑会造成非常广泛的影响，长期服用会对男性的健康造成不良影响。考虑到男性可能无论如何都想服用这类药物，为了尽可能降低类固醇药物在公共卫生领域中的使用，如今未经处方而取得已被视作违法。

你有没有觉得很讽刺呢？

我们担心男性使用人工合成的荷尔蒙会对他们的身体造成各种影响和伤害，而与此同时却给女性开出一张又一张女性荷尔蒙的处方签，让她们长年累月地服用着，完全不考虑对她们身体所造成的各种影响和伤害。避孕药明明同样会给女性带来各种各样的改变，我们却选择视而不见，因为我们根本无法接受再回到那个女性无法掌控自己生育大权的世界之中。

而我们也不应该再回去了。

我并不认为我们需要放弃避孕药，但是我们需要摘下遮蔽了我们双眼的那层面罩看清楚事实的真相。避孕药改变了女性的性荷尔蒙，也就意味着改变了她是谁。荷尔蒙的的确确会改变一个人，虽然我们还没有足够的研究来深挖造成这种改变的各种原因，但现有的研究至少足以确定这种改变真实存在。我们知道避孕药正在影响着女性的生活。是时候停止对科学提供给我们的一切都说“好”了，是时候问一问我们自己需要的究竟是什么了。我们需要认真且深入的科学研究来告诉我们避孕药究竟会对我们身体的运作造成怎样的影响，会把我们变成怎样的人；我们需要寻找其他的避孕方式，让我们可以有更多的选择。然而最重要的是，当我们不喜欢避孕药带给我们的那些负面情绪的时候，我们需要停止责怪自己。我们不是问题的所在。尽管用这种批判性的眼光来思考这些问题并不容易，但我想，这是为了寻求更好的未来所必须要迈出的第一步。

第11章　现在要怎样？给我女儿的一封信

那么，你到底应不应该服用避孕药呢？如果答案是Yes的话，那又该吃哪一种好呢？

我想这些可能是你一直在等待我回答的问题吧。尽管我很希望自己可以给你一个答案，但很抱歉，我没办法。因为这些问题的正确答案都是因人而异的，只有那个对你的生活了如指掌的人才能给出最终解答——而那个人，就是你自己。

为了帮助你想通这些问题，我打算和你聊一聊有关避孕药的话题，这也是我打算在我的女儿（我写这篇文章时她11岁）准备好开始思考适合她自己的避孕方式时要和她进行的一次谈话。我希望这样的一次谈话可以在你考虑如何将避孕药融入你的生活中时对你有所启发。我也希望它可以作为你与你的医生、伴侣、朋友或是你自己的女儿开启一场有意义的对话时的一个有效工具。

发人深省的避孕药

关于避孕药如何影响女性的相关科学研究才刚刚起步，这就意味着我们对“避孕药改变女性的具体方式”的理解会在未来不断地深入。然而，尽管这方面的科学研究还很新，相关的结论也都无法确定，但有一件事毋庸置疑，那就是：改变女性的荷尔蒙就会改变这个人。这件事非同小可。

虽然我们还不完全了解避孕药是如何带来这些改变的，但是研究表明，它可能会与女性的择偶偏好、嗅觉敏感度、关系满意度、应激反应的功能、多种神经递质系统的活动、多种荷尔蒙的活动、情绪、面对困难时的毅力、学习能力和记忆力，还有我们的性欲等，都有着千丝万缕的联系。然而这可能只是冰山一角。我们的性荷尔蒙影响着人体内全身上下数十亿个细胞——也包括大脑中大量的脑细胞——这就意味着避孕药很有可能会从头到脚在她们的整个身体里回响。

虽然对部分女性而言，仅仅能避孕这一项好处就足以抵消其所带来的各种负面影响所必须付出的代价，但对其他女性而言可未必如此。此外，由于你的医生也不太可能会和你讨论这些服用避孕药所将面临的心理及行为表现上的利弊权衡（除了也许偶尔会提及一下情绪变化的可能性），你需要自己考虑清楚这些问题。

服药与不服药，你将生活在两个完全不同的身体里。没有什么比这更严重的事了吧。

因此，你需要非常清楚你所面临的状况，然后睁大眼睛，做出你自己的决定。对大多数女性而言，这些利弊的权衡在她们人生路上的某些时刻充满了意义，而在其他阶段则可有可无。在考虑要不要服用避孕药的时候，先想一想你的人生目标是如何设定的，将这些权衡放在人生目标的框架里一并考虑，将有助于确保你在人生的各个阶段都可以成为那个你最想成为的自己。

时间至关重要

考虑是否要服用避孕药的第二个因素，是你的年龄。这是我们还没有讨论到的事情，但其实它可能真的非常关键，因为我们的荷尔蒙——除了所有其他功能以外——在我们大脑的构建方面也起到了至关重要的作用。

到目前为止，我们对性荷尔蒙的讨论大都集中在荷尔蒙存在于人体内时对身体所造成的引发性效应，但是这些影响在荷尔蒙代谢掉之后就会消失。这些被称为激活效应，它们在你的体内和你玩着“现在你看得到我，现在又你看不到我”的游戏。女性服用避孕药的原理正是因为药物中所含有的荷尔蒙对你体内HPG轴产生的激活效应才能让你免于怀孕。而你之所以必须每天服药，就是因为一旦荷尔蒙被代谢掉并排出体外，这些效应就会随之消失。

然而荷尔蒙也在组织身体和大脑的构建中发挥着举足轻重的作用。这些被称为组织性效应，而它们并不会随着荷尔蒙的代谢而消散。在这种作用下，荷尔蒙对人体和大脑的构建方式会造成实际的影响，也就是说，这种影响几乎可以说是永久性的。

举例而言，男宝宝和女宝宝之所以一诞生到这个世界就有着截然不同的大脑和身体构造，其中一个重要原因就是，男宝宝在妈妈的子宫里时分泌着大量的男性荷尔蒙——睾酮。暴露于充满产前睾酮的环境会引导他们体内生长的细胞以我们称之为男性的方式组织自己。它们会通知生殖器官细胞建造阴茎和睾丸，并告诉大脑细胞以一种大动作发育较早但语言技巧能力发育较晚的方式组织自己。而如果没有产前睾酮，那么所有的宝宝无论从样貌还是行为表现上来看都只是像个小女孩一样，即使他们不是。

例如，患有先天性雄激素不敏感综合征——这是一种相当罕见的疾病，会导致男性的身体无法读取睾酮的信号——的“男孩”们，旁人完全无法用肉眼去区分他到底是男孩还是女孩。患有这种疾病的人，尽管他们也拥有Y染色体（这是男性染色体的标志），但是在成长的过程中，他们无论从样貌特征、行为表现还是思考方式来看，都像是个女孩。大多数患有这种疾病的女孩及女性（她们绝大多数都一直认为自己是女性）甚至不知道自己患有这种疾病，直到因为迟迟不来月经或是没长出阴毛而就医时才发现。在这个时候，如果医生进行了超声波检查，就会发现这位年轻的女性既没有子宫也没有卵巢，反而有两颗没有掉下来的睾丸。随后进行的染色体核型分析将会揭示这位年轻的女性在染色体上是一位男性，尽管其他所有标准下“他”都是女性。

这就是性荷尔蒙强大的组织力量。它们影响着我们大脑以及身体的构建方式。

我们的性荷尔蒙对组织构造的影响可绝不止于子宫内部

或是孩童时期。反之，它们会持续对青春期乃至青少年时期的性别特异性发展发挥巨大的影响力。你可能还记得，青春期以及青少年时期的我们经历了巨大的生理变化（尽管你可能拼命地想将那一段从你的记忆中抹去）。然而在这一时期，面临着改变的可不只有我们可见的身体部位。我们的大脑也同样经历了改变，巨大的改变。而你的性荷尔蒙就是这个重量级改造项目的总承包商，它们为大脑制定并推出了成人版的全新蓝图，在大脑的发育过程中发挥着至关重要的作用。

这就是为什么要不要服用避孕药与你所处的发育阶段息息相关的原因了。虽然尚未有研究证实或否定在青春期或是成年早期服用避孕药会对大脑的发育产生影响，但通常我们的大脑一直到20岁出头甚至到中期才会完全发育完成。关于可以放心地开始服用避孕药而不必担心它影响大脑发育的最佳时间点并没有一个确定的神奇数字（也许要等到25岁以后才行），但是就我个人而言，在19或20岁之前，我会非常谨慎。20岁以后，虽然大脑还在对额叶进行最后的细节调整，但是权衡利弊之下，避孕所带来的利益点应该会大过让大脑不受任何干扰地完成它最后的施工过程所带来的好处。当然了，这么说的前提是，你已经开始了你的性生活。而如果你还没有开始你的性生活，那么我会建议你能拖多久就拖多久。虽然很有可能它其实不会造成什么影响，但是在我们还没有足够的研究来证实它的真实性之前，最好还是谨慎起见。通常安全总比遗憾要来得好。如果你在那一段时间没有和任何人发生性关系，那么你就可以既安全又不留遗憾，这似乎是最好的选择了。

之所以把19或20岁视为开始服用避孕药的最低年龄，原因还不止于此。其中另外一个原因，是因为避孕药与抑郁症以及自杀的风险有着一定的关联性，这两种风险在青少年女性（15～19岁）中的发生概率要远远高于20岁及以上的女性。这件事让我意识到，尚未发育成熟的青少年时期的大脑——除了它仍在发育的事实之外——可能也还无法很好地应对那些可能由避孕药所引起的各种心理变化。我们尚不够了解为什么青少年的大脑会对这些改变如此的敏感，因此在我们彻底搞清楚以前，保持谨慎就对了。如果你拥有抑郁症的个人或家族史，那么就更要特别注意。你的心理健康问题对你很重要，绝对不能听天由命。所以如果你的年龄小于20岁且有情绪障碍家族史，也许考虑其他的避孕方式才更适合你。不应该再有更多的女性因为服用避孕药而失去生命了。研究表明，20或20岁以后再服用避孕药可以显著降低自杀发生的可能性，避免更多人间悲剧的上演。

最后，考虑你处在生长发育的哪个阶段，还因为在女性的生殖事业刚起步的阶段，调节你排卵周期（第4章中的HPG轴）以及应激反应（第7章中的HPA轴）的反馈回路还没有被完善地建立起来。这些反馈回路的敏感度需要时间来慢慢培养，最终发展成为每一位女性个体所拥有的独一无二的荷尔蒙特征。如果一个女性的某种荷尔蒙分泌水平相对较低，那么与之相关的荷尔蒙受体就会逐渐变得更加敏感；反之，如果她的分泌水平相对较高，它们则会学习慢慢变得不那么敏感。当这些反馈回路仍然在适应这些变化时就开始服用避孕药，可能会影响女性调节压力以及生殖荷尔蒙的能力，进而改变这些反馈回路的敏感度。虽然对这一切是否在真实发生（或者如果确实发生了又可能意味着什么）我们还几乎一无所知，但是在你生殖事业的起步阶段，这一点绝对值得你保持谨慎。

我提出这些疑虑[1]并不是为了要吓你，而是希望能给你一

1 有人会问我，鉴于这些疑虑，我是否认为我们应该限制20岁以下的女性获取避孕药的权限呢？对此，我会不假思索地回答你："绝对不要。"在某些情况下，服用避孕药——即便是正处于大脑发育的过程之中——对一个女性而言依然可能是她的最佳选择。没有人比她自己更有权利做出这样的决定。

些东西去帮助你思考。我是在我18岁的时候开始服用避孕药的。那个时候，我对什么大脑啊、荷尔蒙啊、发育啊或者什么反馈回路这些东西全都一无所知。如果我当时的医生对这些事情真的有任何疑虑的话，她肯定也没有告诉我。所以，我在我的大脑还在发育的时候就决定开始服用避孕药了，完全不知道这对我、我的大脑，或者我的HPG轴究竟意味着什么。虽然如果当时我了解所有的资讯，可以做出一个截然不同的决定，但其实我并不确定自己是否真的会这样做。毕竟那个时候的我正在谈恋爱，再加上大学学业的压力，让我完全不想怀孕，所以我很有可能会无视这些建议。看到我当年的选择并没有对我造成什么影响，你应该会宽心很多。我HPG轴的表现应该还算相对良好，大脑在大多数情况下也都算听使唤。虽然无从得知如果晚几年服用避孕药我会变成什么样子，但是年纪轻轻就开始服用避孕药的我还是挺好的，我相信你也会不错。不过现在的你比当年的我掌握了更多这方面的信息，我强烈建议你在考虑含有荷尔蒙成分的避孕药是否适合你的时候，至少先想一下你所处的发育阶段，再做出自己的选择。

保护自己免于意外怀孕的重要性不言而喻。但是现在的我们比以往任何时候都更加强大，我们拥有更多的方式可以将对荷尔蒙造成的干扰降到最低而依然达到避孕的效果。如果你的大脑仍然处于发育的阶段，这绝对是你应该认真对待的事。现在市面上还有着有各种各样的避孕方式：生育追踪APP（这也是了解你以及你的排卵周期的一个绝佳方式；我个人真的很喜欢用Flo）、铜质宫内节育器、比以前那种烂到爆的避孕套好那么一点点的避孕套、事后避孕药、杀精剂、宫颈帽以及避孕海绵。如果你是认真想避孕，你绝对可以做得到，无论吃还是不吃避孕药。而现在，你所了解到的各种信息比当时的我多得多，所以我相信，你一定可以比当时的我做出更明智的选择。

找到适合你自己的那一款避孕药

我们在这本书中经常谈论到的一个观点是，避孕对女性而言是一件很重要的事。其重要的程度如此之高，以至于对大多数女性来说，不会意外怀孕这一个优点可以超越所有她们将为此所付出的代价。因此，在科学可以为我们提供出一套更好的避孕方式之前，我想在你生命中的某一个阶段，你还是很有可能需要服用避孕药的。

尽管避孕药必然会改变你的大脑原本所创造出的那个

你，但这并不意味着你就会成为我所描述的任何一个案例中的一员，每一个人服用避孕药后的经历都是独一无二的。也就是说，对某些女性而言，这本书中所描述的某些部分读起来仿佛就是她们生活的自传；而对另一些人而言，则很难在我所阐述的研究或是讲述的故事之中找到自己的影子。

这是因为所有的科学研究都会包含一定的我们称之为“误差方差”的元素。误差方差只是一个技术术语，用来描述那些超出典型观察范围的数据点，也就是所谓的离群值。所有的研究都存在离群值。你可能就是其中的一个——就是那个在描述大多数人的反应规律线之外漂浮着的数据点（参见下页图）。

所谓数据，就是当你剥离我们每一个人所有独特且有意义的东西，把我们和其他同样被剥夺了个性与独特性的人一起扔进一个巨大的混合容器里时，所得出来的那个信息。在很多时候，我们可以通过数据获得以及分享我们的状况与他人之间共同之处（服药vs不服药）的真正有用的信息，然而也并非总是如此。你身体对任何一种避孕药的反应方式都会被一大堆特定于你的因素所影响，这些不见得总是能在研究中被捕捉到的。有些时候（也许是更多时候），你都会成为一个离群值。这就是为什么了解自己并成为你自己的专家，以

一张描述服用避孕药后所发生的状况的示意图

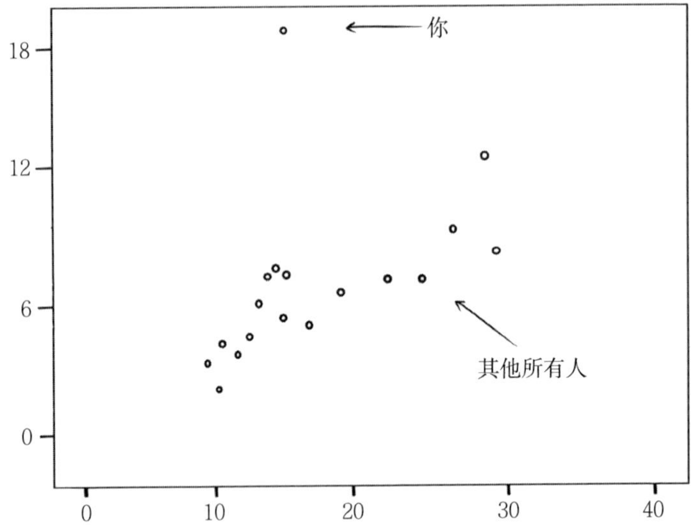

所有的研究都存在着误差方差。这就意味着当科学发现女性在服用避孕药后会经历XYZ的时候，它可能与你完全无关。

及了解什么适合你而什么又不适合你是如此的重要。由于个体化医学还没有问世，因此你需要利用现有的工具，去找到最适合自己的那一款避孕药。

如果你打算服用避孕药，以下是你需要问自己的一些问题：

服药期间我感觉还是原来的自己吗？

自从开始服药，我的行为表现发生了什么样的变化吗？

自从开始服药，我的情绪发生了什么样的变化吗？

自从开始服药，我的人际关系（包括性关系以及其他的非性关系）发生了什么样的变化吗？

自从开始服药，我在学校或者职场上的表现发生了什么样的变化吗？

自从开始服药，我的兴趣爱好发生了什么样的变化吗？

自从开始服药，我的行为动机发生了什么样的变化吗？对在开始服药前我所喜欢的事，现在我的动机是更强烈还是更弱了？

而接下来的这个问题最为重要。

对所有这些变化，我感觉如何？

像我之前所提到的，坚持写日记是我能想到的记录自己的最佳方式之一。如果可能的话，在你开始服药之前就开始写日记，记录下你的感受，你对哪些类型的事情感兴趣，还有你的人际关系状况如何。当你开始服用避孕药的时候，它将会成为指引你找回服药前的自己的那座灯塔。你改变了吗？是变好还是变坏了？对你所做出的利弊权衡，你感觉如何？

正如我们之前讨论过的，大脑有一种令人讨厌的毛病，它会倾向于去相信它目前正在编码和创造的任何体验都是现实，并认为事情一直都是这样的。尤其当这种变化是相当微妙的或是在我们体内慢慢才浮现出来的时候，情况更是如此，这就像避孕药作用在我们身上的改变一样。而通常这些改变都是在不知不觉中发生的。大多数女性并不会明显感觉到避孕药对她们的情绪或是想做什么样的事造成破坏性的影响，它并不会像是吞了一颗抗抑郁的药丸或是灌下几杯酒之后有那么明显的感觉。这就是为什么对我，以及很多和我交谈过的女性而言，只有在停药之后才终于明显感觉到避孕药带给我们的影响。

在开始服用避孕药以前，我对各种刺激和体验都来者不拒。我真的非常热爱各种音乐、美食和旅行，我也很喜欢健身，还会花很多心思和时间在自己的穿着打扮上。不至于是那种超级萝莉风啦（我之所以要澄清这一点是因为我知道认识我的人肯定会说："等一下……你确定在说你自己？"），但是我很爱逛街，也很喜欢在发型和妆容方面做一些有创意的事情。我也（不需要太多的接触和了解）可以很快注意到那些对我有吸引力的男人，而且我对"性"……也还蛮感兴趣的。

然而在服用避孕药一段时间后，上面所说的许多事情都开始从我的雷达屏幕上消失了，但是都没有什么太过于激烈的表现。我并没有在某一天醒来，就突然对所有以前喜欢的事情都不再感兴趣了。如果这么严重的话，我很有可能就会注意到这些改变了。恰恰相反的是，改变只是在悄无声息中慢慢地发生着，随着时间的推移，许多兴趣和爱好被搁置了。我不再去健身了，也不再逛街购物，甚至开始对男人和“性”都兴味索然。而且除非我在开车，否则我宁可周遭一片安静也不想再听音乐（而音乐在我心里也已经退居二线，被全国公共广播电台取代了）。尽管我努力想要回忆起自己的往事——我对这些事情的发生如何解释的——然而对这些改变我实在是想不出有什么特别令人信服的理由。我记得当时只是以为我更加忙碌了，心智也更加成熟了，所以可能没以前那么容易为各种琐事分心了。可以肯定的是，在开始服用避孕药的第一年的某个时间点，很多我以前喜欢做的事情，就突然从我的生活里消失了。而我的大脑，恪守着它的本职工作，对这一系列的改变做出了足以让自己所信服的辩解。

当我停止服用避孕药以后，我的生活也没发生什么天翻地覆的改变。我并没有突然注意到我的行为和以前不一样了，也不觉得自己又开始回归健身房是什么大不了的事。对了，我还开通了声田音乐平台的会员账号，而且十年以来第一次开始把头发留长了……我就是感觉我又开始想做这些事情了，不需要什么解释，也并非有什么所求。一直到这样的改变持续了好几个月——并且成为一种明显的模式——我才终于意识到，我又回到从前的那个我了。

这就是记日记的好处。记日记可以让你观察到自己的情绪、动机以及行为模式，以便你可以随时注意到任何的变化。当你开始服用避孕药后，开心的日子比较多，还是难过的日子比较多（那么停药之后呢）？你和朋友约会的次数跟以前相比是变多了还是变少了？还注意到其他任何方面的变化吗？记录下你自己的生活模式，你就可以了解到在服药前以及停药后的你，是什么样的你。[1]这将有助于你判别哪个版本的你才是与你所希望成为的自己最相匹配的。

---

1 我知道，这么说听起来好像有点儿愚蠢，但事实上我们真的没有太多自我洞察的信息。我们所了解到的关于自己的一切几乎都是从外部学习得来的。我们通过观察自己的想法以及行为表现，然后与他人进行比较，再看看对方如何回应我们这一系列的模式来学习认知自我。这就是为什么研究发现，其他人能猜到我们对待事物将做出怎样的反应（例如，一个惊喜派对，或是一张分数超低的考卷），而且几乎可以与我们自己所预料的结果一样。然而大多数时候，两边的猜测往往都不太准确。因为大多数人（包括我自己在内）对我们究竟是谁并没有一张详尽的认知图谱。

如果你想服用避孕药，你可以安全地使用，你应该可以找到一款适合自己的药物。目前市面上有近百种不同的配方，所以如果你觉得自己现在所服用的避孕药不尽如人意的话，请不要害羞，勇敢地向你的医生提出你的需求，尝试换另一种看看感觉如何。第4章中的表格可以帮助你了解你正在服用的避孕药中的药物成分，这样你可以更容易猜测哪些药物可能适合你，哪些可能不太适合你。你还可以考虑和家中也服用过避孕药的女性亲属聊一聊，你们有着共同的基因，因此你们的用药体验很有可能会有许多的相似之处。

最重要的是，要对自己有耐心。

女性承受着如此巨大的压力，这个社会希望她们可以在方方面面都做到尽善尽美又不必求助于人。然而我们不应该害怕向我们的医生求助，我们需要他们来帮助我们找到那一款最适合自己的避孕药；我们也不应该害怕向我们的伴侣求助，请他们在我们尝尽各种办法试图搞定这一切之前先暂时承担起避孕的重责大任。花一些时间去找到一种舒服的避孕模式，做那个你所希望成为的自己。就算是无法马上就找到你喜欢的避孕药，也不要觉得气馁。慢慢来，多一些耐心，也要学会疼惜自己，你一定可以找到最适合自己的避孕方式。

给自己一个喘息的机会

很多女性在她们很年轻的时候就决定开始服用避孕药，而一直到她们准备要生小孩或者35岁（这时医生通常会告诉你该停药了，因为这个年纪的血栓风险开始上升）之前，都没有再重新审视过这个决定。这就意味着很多女性在长达十年甚至更长的时间里都一直在持续服用避孕药，中间没有任何停顿或是中断。尽管在某些情况下这可能是有道理的（稍后会详细说明），但我并不确定这是否对所有女性来说都是最好的决定。

之所以会这么说有以下几个原因。首先，我们对长期使用避孕药对大脑所产生的影响还知之甚少。避孕药不仅会改变女性的性荷尔蒙，还会对人体内其他所有的活动都产生影响，包括GABA系统的活动、HPA轴的活动以及其他所有我们体内所进行的各种活动。鉴于此，我认为对长期持续地服用避孕药，我们应当审慎以对。这不是什么值得大惊小怪的事情，不过对医生永远都只是例行公事般地允许他们的患者十几年如一日毫无间断地服用避孕药，完全不晓得这样是否会导致任何长期的心理变化，我的确会怀疑这样做是不是一件明智的事。

还有一件事非同小可。大多数女性在她们二三十岁的时候，基本上都已经选定了自己的职业和长期恋爱伴侣，而这时的她们通常也已经服用避孕药有一段不短的时间了。研究表明，服用避孕药的你所构建的生活方式，很有可能是那个没有服药的你所不想的。我曾经和好几位长期服用避孕药的女性交谈过（她们服药的时间长达7～15年），她们对此都深表认同。停药之后，她们发现自己（在服用避孕药的时间里所选择）的职业或是丈夫都已经不再适合自己了。你可以想象，这是个多么令人心碎又进退两难的局面。一方面你为了那些你都不再认识的自己所做出的决定而感觉背叛了原本那个真实的自己，另一方面又会感觉自己辛辛苦苦所建立起来的生活竟然并非自己所爱。你并不会一辈子都服用避孕药的。所以，你也许会考虑在你人生需要做出重大抉择的那些时刻，先暂停用药一段时间，毕竟那些抉择将会成为你接下来漫漫人生路何去何从的关键所在。

暂停用药一阵子还有一个好处，就是你可以有机会感受原本那个没有服药的版本的自己。在写这本书的过程中，我采访过一位女士，她连续服用避孕药的时间长达15年。而现在她已经超过35岁，到了该停药的年纪了，然而她却感觉自己的身体非常不舒服，甚至因此开始服用抗抑郁的药物。并不是每个人都会面临这样的状况（也有可能是她原本就一直在抑郁，而避孕药对她有控制抑郁的作用），但这的确是值得认真思考的问题。如果你已经习惯了住在服用避孕药那个版本的自己的身体里，那么你可能就不会再适应那个原本的自己。尽管目前还没有任何科学研究可以支持或是驳斥这一观点，但在规划自己的避孕策略时，这至少是你值得考虑的一个因素。

如果你刚好有一段时间不需要服用避孕药，那么就考虑暂停一下吧。就我自己而言，其实在服用避孕药的那些年里，有很多时候我是没有与任何人发生性关系的。我只是懒得停掉它，想说反正对我也没什么害处。现在再回头去看，我真的不确定这是不是一个好主意。我个人并没有感觉避孕药以任何不可逆转的方式改变了我，但事实的真相我们现在也无从求证。目前科学界对长期服用避孕药会对女性的大脑造成什么样的影响，还没有足够的研究可以参考。你可以自己试着做一次“大脑检测”，看看停药几个月以后你的状态还有感觉会是如何。如果你比较喜欢停药后的自己，那么你可能需要考虑一下其他的避孕方式，或者找找看有没有其他更适合自己的避孕药。如果你发现停药之后反而会让你觉得很痛苦，那么这也说明了一些问题。很多科学研究都证实，避孕药对缓解某些由荷尔蒙所引发的情绪性障碍（比如月经前症候群）是有帮助的。所以如果你属于这种情况——停药反而让你感觉到绝望和悲伤——那么你也要知道自己是可以继续安全地服用下去的。无论做出怎样的选择，都别过于担心，你会没事的。我希望这样讲能让你获得一些信心，不管选择哪一种方式，对你还有你所设定的人生目标而言感觉最对的那一种，就是你的最佳选择，无论是服药还是停药。如果你真的停止服用避孕药，它也不可能在一夜之间就让你的生活发生翻天覆地的改变。对一些女性来讲，她们甚至完全感觉不到任何的变化。尽管避孕药彻底改变了女性大脑的运作方式，然而对部分女性而言，这些改变并没有那么明显。而对其他女性而言，改变显而易见但并不构成太大的困扰。所以说，每个女性的体验都是独一无二的。如果你服不服药的感觉都没有什么差别，那么要好好感谢你身体的构造，让你在变化多端的荷尔蒙环境中依然可以不受影响。而如果你服不服药的感觉不太一样，那么你现在就可以确定这都是事出有因的。现在越来越多的科学研究都可以证实多年来女性在服用避孕药后向医生所谈及的那些问题确实存在。避孕药真的改变了我们，有好的一面，也有糟糕的一面。

最后的一点想法

在若干年后的某一天，我也会与我可爱的女儿琼来上这样的一场对话：你现在所处的时代，比以往任何时候都更有机会让你成为那个你所希望成为的自己。也许是服用避孕药版本的你，也许是不服用避孕药版本的你。无论做出怎样的选择，现在你都可以睁大眼睛做出决定，至少不必再被蒙在鼓里。

如果你选择服用避孕药，相信这是一个你可以放心的决定。能生活在可以有这样一个选项的时代真的是件很棒的事情。因为避孕药的存在，现在的女性可以自由自在地做许多我们的曾祖母们做梦都想不到的事情。而随着我们对避孕药的了解越来越深入，你将会更加充分地了解其中的利弊，做出最适合自己的选择。

然而女性避孕的问题并没有得到彻底的解决。是时候让我们所有人联合起来，一起向科学界寻求一些新的选择了。此外，对我们所拥有的选择究竟会对身体造成什么样的影响，我们也希望科学界可以提供更多的信息。我们不应该为了避孕就把自己变得判若两人，我们需要充分地了解自己身体的运作方式，清楚地知道在服用避孕药的时候，我们的身体就是在发生着这样的变化。

这将需要一场从根本上对我们如何看待我们的大脑、荷尔蒙乃至我们自己的彻彻底底的巨大转变。对我们中的一部分人来说，这意味着可能需要重新考虑避孕药究竟适不适合你。这条道路上的第一步，便是让我们所有人都可以与我们的母亲、女儿、姐妹、女朋友、医生以及伴侣开始一场开诚布公的对话，来谈一谈我们究竟是怎样的自己，在服用避孕药以后又变成了怎样的人。尽管这门科学才刚刚起步，这样的对话也只是刚刚开始，但是没有关系，就让今天，成为你开启全新自我的一天。

我说的可能有点儿多，不过……

鸣谢

首先，我要向我了不起的家人致以最诚挚的感谢。在整个创作过程中，我的丈夫还有我的两个善良又可爱的孩子都一直非常有耐心地支持着我。谢谢你们帮助我挤出足够多的时间来完成所有的写作，也要谢谢你们在这整个过程中所给予我的情感上的支持。还要感谢我不可思议的父母，谢谢你们永远都那么信任我（即使是在我生命中孤注一掷的那些时刻），还会在星期天下午把你们的房子借给我，为我提供一个可以安静写作的环境。莱利·特纳是一位才华横溢的艺术家，她帮我将这本书中所有我想展示的研究成果都用图表的形式呈现了出来（而且她在制作这些图表的时候还只是一名高中生而已）。谢谢你不吝把你的才华借给我，莱利。同时也要感谢科利维尔的妈妈们，是你们的集体智慧帮助我找到了她。

此外，如果没有得克萨斯基督教大学研究机构的支持，我也不可能做到这一切。我要特别感谢菲尔·哈特曼以及莫里西奥·帕皮尼，谢谢你们长久以来对我以及我各种科研项目的大力支持。在这样一个充满和谐和支持的环境中工作真的是我无比的荣幸。我还要感谢我所有的同事和学生，从你们每一个人身上，我都学到了非常多的东西，是你们让我的工作与研究都充满乐趣。小学校里也可以迸发出巨人的火花。

我的研究——包括本书中所提及的一些研究项目——能得到国家科学基金会的资助（BCS-1322573和BCS-1551201），也使我深感幸运。基础研究是诸多重大发现的基础，国家科学基金会在资金有限的状况下，还能为许多新的研究发现提供支持，真的是一件非常了不起的事情。谢谢国家科学基金会对我实验室这些研究项目的资助，让我的科学梦得以实现。

我还要感谢以下人员在本书撰写的各个阶段为我提供的反馈和协助：安·比尔兹利、汉娜·布拉德肖、大卫·巴斯、克里斯蒂娜·杜兰特、杰弗里·加森、洛瑞·胡珀、道格·肯里克、萨默尔·门格尔科赫、兰迪·普罗菲特·莱瓦、詹姆斯·罗尼，以及米斯蒂·沃马克。另外，我还要公开向托里·肖特表示感谢，你简直就是上天派来的天使，每次需要调研、查证还有找参考文献的时候都少不了你的帮忙（你是最棒的）。我还要特别感谢加里·博姆，如果没有你，我就不会对神经科学有任何了解，谢谢你在我写这本书的每个阶段都给予的无与伦比的帮助（也包括有时候我只是需要有人告诉我先换换脑子去做点儿别的事情）。感谢每一个为本书所谈到的科学研究付出奉献的人。你们的研究报告为女性的进步做出了巨大的贡献，如果我不小心弄错了什么细节或者是一些你们认为很棒的东西被我阐述得太过简单化，还请多多包涵，希望我还可以继续从你们所做出的贡献中多多学习。感谢所有与我分享你们那些“我想说的可能会有点儿多，不过……”的有关避孕药的精彩故事，我相信会有非常多的女性朋友可以从你们的经历中找到共鸣。

此外还有很多朋友、同事以及学生都在不同的地方给予了我各种不同的帮助——无论是在研究合作、教我新知识、给予我灵感，还是在我写作过程中递给我几篇值得参考的文章或是其他的所需之物（比如有时候只是需要一杯适逢其时的葡萄酒）。以下没有特定的顺序，也没有按字母排序，我想感谢的人有：弗雷德·阿纳波尔、安·比尔兹利、吉姆·比尔兹利、马克斯·巴特菲尔德、詹姆·克劳德、亚当·科恩、肖恩·康兰、艾米·科伦、丹妮尔·德尔普里奥、乔什·邓特利、克里斯蒂娜·杜兰特、朱迪·伊斯顿、布鲁斯·埃利斯、J.帕特里克·格雷、格雷格·艾克霍尔特、詹姆斯·艾克霍尔特、琼·艾克霍尔特、黛安娜·弗莱施曼、奥斯卡·加林多、凯莉·高茨、凯利·戈德史密斯、弗拉达斯·格里斯克维修斯、克里斯·亨利、吉姆·希尔、乔·霍恩、罗素·杰克逊、全俊焕、蒂亚·约翰逊、玛吉·克莱泽、约翰·科切尔、巴里·库勒、安吉·劳伦斯、诺姆·李、查理·洛德、布雷特·梅杰、妮可·马修斯、艾莉·米勒、奇拉格·米塔尔、史蒂夫·纽伯格、C.西拉斯·尼古拉斯、卡琳·佩里卢、朱莉娅·彼得曼、玛乔丽·普罗科什、克恩·里夫、克里斯托弗·罗德赫弗、阿利克斯·陆克文、埃里克·拉塞尔、迈克·瑞安、莎拉·沙德、艾米丽·斯通、摩根·辰美、詹妮弗·华莱士、乔登·怀特、迪恩·威廉姆斯、艾琳·伍尔西、了不起的女人萨德尔布鲁克，还有我的高中英文老师蒂姆·莫卡尔斯基，谢谢你当初告诉我要“用我的幽默”来写作。

最后，我还要超级无敌感谢我超级无敌棒的经纪人林赛·埃奇科姆，以及我同样超级无敌棒的编辑卡罗琳·萨顿。你们对我的支持以及分享我对这本书的愿景让我感激不尽。还要感谢Avery和LGR的全体员工一直以来在幕后的默默付出，是你们让这一切成为可能。千言万语也表达不尽我对你们所有人的感激之情，感谢你们为我所创造的这一次无与伦比的机会。感谢，感谢，再感谢。